北水ブックス

魚類分類学のすすめ
～あなたも新種を見つけてみませんか？～

今村 央 著

KAIBUNDO

目　次

はじめに　5

第 1 章　分類学とは？ ……………………………………………… 7

【コラム】分類階級と分類群　8
種を分類するには　9
【コラム】成長変異の例：*Platycephalus fuscus* の場合　12
属や科を分類するには　15
分類群の定義と分類形質　17
単系統群と非単系統群　20
分類学の意義　23
【コラム】あなたも新種を見つけてみませんか？　24
【トピック】内村鑑三に見る北大魚類分類学の源流　25

第 2 章　魚類とは？ ………………………………………………… 27

魚類はひとまとめにできない？　27
ヌタウナギ綱 ─粘液孔からヌタを出す　29
ヤツメウナギ綱 ─7 つの鰓孔で「八つ目」　29
軟骨魚綱 ─体の骨格は軟骨でできている　30
硬骨魚綱 ─体の骨は人と同じで硬い　33

第 3 章　国際動物命名規約について ………………………………… 39

学名の表しかた　42
【コラム】疋田豊治博士について　48
公表の要件　50
適格名と有効名　51
先取権の原理 ─「早い者勝ち」のルール　52
学名には基準がある ─担名タイプの指定　54
種は違うけれど名前は同じ ─同名関係　58
【トピック】学名が変わっても和名は変わりません　59

第4章　標本が分類学を支えている 61

標本を管理・保管することの大切さ　61
標本があって研究が進んだ例 ―ナメラオニゴチの場合　63
【コラム】コチ科魚類の虹彩皮膜　64
標本がなくて苦労した例 ―フサクチゴチの場合　68
魚類標本のつくりかた　73

第5章　研究の進めかた ～論文投稿までの道のり～ 83

標本の観察 ―面倒だけどとても重要　83
データ解析 ―これぞ研究の醍醐味　86
論文に必要なデータをそろえる ―事前の準備は周到に　86
いよいよ執筆　88
【コラム】魚体図の描きかた　96
学術雑誌に投稿する　100
【トピック】新種発見のエピソード ―キタガワヘビゲンゲの場合　102

第6章　標本観察で世界を旅する 105

海外での標本観察　105
研究以外の生活　108
海外出張にともなう役得？！　111
休日は博物館や美術館，演奏会へも　113
現地の研究者やスタッフとの交流　115

おわりに　117
魚体図ギャラリー　120
参考文献　121
索引　124

はじめに

　私は自分のことを「魚類系統分類学者」だと思っている。系統分類学とは，系統類縁関係に基づきながら，分類体系を構築する学問領域のことである（詳しくは第1章をお読みください）。大学院時代に「コチ科魚類と近縁群の系統分類学的研究」というテーマで研究を行い，学位を取得した。コチ科というのはカサゴの仲間で，体と頭が非常に扁平化した，ちょっと変わった形の魚である。本科魚類を中心に，他のカサゴ類やスズキ類などの魚類の骨格系と筋肉系の比較解剖を行い，コチ科の系統類縁関係を推定し，これをもとに本科に含まれる各属を再定義し，それらに含まれる種を整理した。それまでのコチ科の属の分類は着目する特徴が研究者によって異なるために，出版物によって種の帰属が異なり，誰の見解に従えばよいかよくわからない，非常に混乱した状態だったためである。この研究を通じて，自身は単なる分類学ではなく，系統分類学を専門としているという意識が定着した。

　したがって，私の研究上の立ち位置からすると，本書のタイトルも「魚類系統分類学のすすめ」としたいところであったが，系統分類学といわれても，どんな研究なのかがよくわからない方も多いだろうし，堅苦しくて取っ付きにくい印象を与えても，それは私の本意ではないので，より一般の方に馴染みがあり，シンプルな「分類学」とした。そのようなことから，本書では分類学だけでなく，系統分類学についても一部解説を加えている。また，私が研究しながら体感した「わくわく感」や「どきどき感」を少しでも読者のみなさんに感じてほしいと思い，研究に関わるエピソードも多く盛り込んだ。

　本書では分類学を主軸として，私の研究対象である魚類はもちろんのこと，分類学にとっての法律書である国際動物命名規約，実際に観察する標本とその重要性などについて，実例を紹介しながら解説した。読者対象としては，おもにこれから志望大学を考える高校生と，どのような研究室へ行くかを考える大学生を念頭に置きながら執筆した。大学や研究室を選ぶときの参考にしてもら

えれば幸いである．本書を読了後に，将来は魚類の分類をやってみたいと考える人が現れたなら，これ以上の喜びはない．また，本書には魚類分類学に関するいろいろな情報を詰め込んだつもりなので，この分野の研究を始めて間もない大学4年生や修士課程の学生のみなさんにも参考になるのではないかと思う．その他にも，学問の対象としてではなく，魚そのものに興味があって，釣りや水族館で魚を眺めているのが好きな方もいるだろう．そんな読者にも，本書を通じて，どのように魚は分類されているのか，そしてどのように命名されているのかを知っていただけると，たいへんうれしい．

「北水ブックス」の企画段階で，説明会に呼ばれたことがあった．そのときは，なぜ声を掛けられたのかよくわからずにいたのだが，後に，水産科学研究院長（当時）の安井肇教授が編集者に私を著者候補の一人としてご推薦くださったと知った．安井教授のご推薦がなければ，このような機会に巡り合うことはなかった（ちなみに私はダボハゼのようにこの企画に食いついた．魚類分類学のことを若い人たちに伝えるのに，この上なくよい機会だと思ったからである）．また，三重大学水産実験所の木村清志博士，神奈川県立生命の星・地球博物館と同館の瀬能宏博士，京都大学舞鶴水産実験所と同実験所の甲斐嘉晃博士，東海大学海洋学部水産学科生物生産学専攻の髙見宗広博士，北海道大学フィールド科学センターの山本潤博士，北海道大学水産科学研究院の足立伸次博士と河合俊郎博士，北海道大学総合博物館の田城文人博士，アメリカ合衆国の珊瑚礁環境教育基金（Reef Environmental Education Foundation）とカリフォルニア科学アカデミー（California Academy of Sciences）のボランティアのJanet Eyre氏から貴重な写真をご提供いただいた．河合博士からは内村鑑三の『日本魚類目録』に関する貴重な情報もいただいた．北海道大学附属図書館からは内村鑑三の写真の掲載許可をいただき，日本魚類学会からは論文（Imamura, 2007）の掲載許可をいただいた．天城奥人氏は本書のカバーの魚体図に見事な彩色を施してくださった．また，本書を執筆・出版するにあたり，海文堂出版の岩本登志雄氏には企画の段階から始終お世話になりっぱなしだった．彼のサポートがなければ本書は世に生まれていなかった．これらの方々と機関に，深く感謝申し上げる．

第1章 分類学とは？

　まず初めに，本書のタイトルにある「分類学」（taxonomy）とはどういう研究分野なのかを説明しておきたい。みなさんも日常生活のなかで自分の持ち物などを分類することがあると思う。たとえば，集めたお土産を買った地域で分けたり，種類で分けたり，大きさで分けたりと，さまざまな分けかたがある。しかし，いずれの場合も，何かの基準で共通するものとそうでないものに分けることになる。地域で分けるのなら，アジアのお土産をひとまとめにし，そうでないもののなかからヨーロッパのものをまとめて……などと，似ているものと似ていないものを仕分ける作業を繰り返すはずである。

　実は分類学も基本的にはこれと同じことをやっている。生物を対象とし，共通の特徴を持つものをまとめ，違うものと区別していくわけである。種を分類する場合は，個体を調べ，同じ特徴を持つものを同種と認識し，一致しなければ他種と判断する。一般的には種（species）が分類の最小単位となるので（より低位の亜種（subspecies）を認めることもある），種を認識することが分類の第一段階といえる。種が認識できたら，次は似ている種を集めてグループをつくる。この場合も，ある特徴に基づいて特定のグループをつくり，その特徴に一致しなければ別のグループに含めることになる。分類学では，似ている種を集めたグループを属（genus，複数形は genera）という。さらに，属が集まって科（family）を形成し，科が集まって目（order）といった具合に，どんどんグループのサイズは大きくなっていく。このような種より大きなグループをまとめたり分けたりすることも分類学の研究対象となる。

　このように，分類学では同種と別種，同じグループと違うグループを認識していく。このプロセスも非常に重要であるが，分類学にはもう一つ同じくらい重要な目的がある。認識した種やグループに名前をつけることである。私たち人間のひとりひとりが個別の名前を持っているように，多くの種・グループに

もそれぞれの名前がある。名前がなければ新しい名前をつけてやる。分類学では種・グループの名前として基本的に学名（scientific name）を使う。学名は生物学にとって世界共通の言語である。そのため、私たちはそれらに対して共通の認識を持つことができるのである。仮に学名が使えず、たとえばAさんが「ネコ」と思っている動物がBさんにとっては「コーシュカ（кошка, ロシア語でネコの意味）」で、互いに相手が使う名前を知らなければ、2人の間でこの動物についての意思疎通はできないだろう。このように分類学とは、種・グループを正しく類別し、これらに対する共通認識を持つために名前（学名）をつけていく学問、ということができるだろう。

名前をつけることを命名という。この命名については第3章で解説することとし、本章では分類学のもうひとつの要素である、種・グループを類別していく方法について、おもに解説する。本章の最後に分類学の意義についても述べるが、これについては、とくに種に名前をつけることの科学的な重要性を取り上げていく。

分類階級と分類群

一般的には種が分類の基本単位であり、種の集まりとして属、属の集まりとして科、科の集まりとして目というように、グループが階層的に位置づけられる。分類学ではこれらの階層の名称を分類階級（taxonomic rank）と呼んでいる。必要によって、属と科の間に族（tribe）、亜科（subfamily）、科と目の間に上科（superfamily）や亜目（suborder）のように中間的な分類階級を設けることもある。たとえばヒラメの場合は、カレイ目（Pleuronectiformes）カレイ亜目（Pleuronectoidei）カレイ上科（Pleuronectoidea）ヒラメ科（Paralichthyidae）ヒラメ属（*Paralichthys*）ヒラメ（*Paralichthys olivaceus*）となる。このようなカレイ目やヒラメ属などの具体的な生物のグループのことを分類群（taxonomic group）と呼ぶ。目や属などの分類階級名とカレイ目やヒラメ属などの分類群名の関係は、都道府県、市、区、町などの区分名と、北海道、函館市、港町など実際の地域名の関係に例えるとわかりやすいかもしれない。

種を分類するには

　生物を分類するためにはさまざまな特徴を用いることになる。このような分類するための生物の特徴のことを分類形質（taxonomic character）という。後述するように，属や科などの高位の分類群（タクソン（taxon，複数形は taxa）ともいう）を識別するための特徴も分類形質である。多くの場合，形態的な特徴（形態形質）が分類形質として用いられるが，これはすでにホルマリンやアルコールなどの薬品で処理され，標本となった生物を分類学的研究に用いることがほとんどだからである。行動にも種の差異や分類群による違いが見られる場合があるため，野外で観察した生物の行動が分類に活用できることもある。

　また，遺伝子解析によって種を判別したり，グループを特定することも，近年では一般的であるため，遺伝情報も分類形質となりうるのである。ただし，遺伝情報を文字として書き表すのはあまり現実的ではない。たとえば，近縁な2種のトラギス類を遺伝子と形態形質で識別した研究がある（Ho et al., 2012）。この研究では 594 塩基対からなる遺伝子を調査しているが，2 種の 594 個分の塩基配列を書き並べて比較することを想像してみてほしい。非常に比較しにくいことがわかっていただけると思う。実際には，遺伝学的な研究では種間やグループ間の遺伝的な違いを分類形質として表すのではなく，それらの近さや遠さを遺伝的距離として樹状図で表していくのである。

❖ 種って何？

　ところで，そもそも種とは何か？　種が定義できないとその分類も曖昧なものになってしまうが，これは極めて難しいテーマで，語りだせばそれだけで本になりそうである。そこで，ここでは一般によく用いられるエルンスト・マイア（Ernst W. Mayer）の生物学的種概念，すなわち「種は実際にあるいは潜在的に相互交配する自然集団のグループであり，他の同様の集団から生殖的に隔離されている」を使って説明しよう。種が生殖的に他種から隔離されているなら，遺伝的にも他種から隔離されていることになる。したがって，遺伝子に支配されている形態形質も種の間で変異が不連続となるものがあってもおかしく

ない（たとえば，A 種では歯の数に 10〜15 本の連続した個体間の変異（個体変異）があり，B 種では 17〜25 本の変異がある場合，両種は不連続となる）。そのため，種の分類ではさまざまな形態形質が連続する集団を同種と判断し，一部の形質の連続性が途切れるところで別種と認識するのである。このように，形態形質は遺伝的な連続性と不連続性，つまり同種であれば生殖があり遺伝的に連続し，種が異なれば生殖がなく遺伝的に不連続となることを，間接的に表す指標と考えることができる。

❖ 棘や鱗などで分類する

魚類の分類形質は，鰭条（きじょう）（鰭を支える骨質のスジのこと）数や側線鱗（そくせんりん）（体側中央を走る側線を形成する鱗（うろこ）のこと）数などのように数えることのできる計数形質，頭長や眼径などのように距離を測ることのできる計測形質，さらに歯の形態，色彩など，実に多様である。しかし，理想的な分類形質は，個体変異が限りなく小さく安定的で，さらに誰が見ても判断を間違えることのない明瞭な形質だろう。

たとえば，コチ科のマツバゴチは頭の下面に 1 本の前向棘（ぜんこうきょく）を持っている（図1.1）。この棘（きょく）（トゲのこと）はかなり大きく，頭の下面をなでると棘があるのがはっきりとわかる。日本産のコチ科魚類ではこの棘を持つ種は他にいないので，日本産種の分類には極めて有効である。

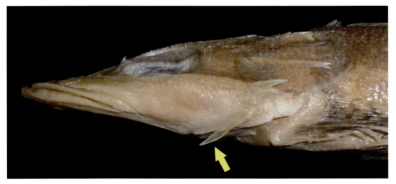

図 1.1 マツバゴチの頭部側面（北海道大学総合博物館所蔵標本）。黄色の矢印は大きな前向棘を示す。

また、同じく日本産コチ科のアネサゴチ属の4種は側線鱗が42枚以下であるのに対し、他種は通常50枚以上なので、こちらも非常に有効な形質である。しかし、側線鱗を数えるには実体顕微鏡（20〜30倍程度の低倍率で、対象をそのままの状態で観察する顕微鏡。魚類の形態を観察するときはこれを用いるのが一般的である。細胞や組織などを高倍率で観察するときは光学顕微鏡が用いられる）が必要となるし、何十枚も数えなければならないので少々手間がかかる。

　安定性、判断のしやすさの他に簡便性も考慮されるべき観点だが、実際には個体変異があって不安定で、判断が非常に難しいという正反対の形質もあり、分類が非常に難しい種も多く存在する。種のよりわかりやすい分類方法を見つけるのも分類学の重要な役割といえる。

❖ 成長変異に気をつけて

　計測形質によって分類する場合は気をつけなければならない。数値を単純に比較できないからである。同種であっても計測値が異なったり、別種なのに計測値が似ていたりする。なぜこのようなことが起こるかというと、成長変異のせいである（図 1.2）。魚類の場合、たとえば眼や頭は若魚などの小型個体では相対的に大きく、成長するにつれて徐々に割合が小さくなっていくことが多い（図 1.3）。したがって、計測値を比較する場合は体長（通常、上顎先端から尾鰭基部までの標準体長で表す）も考慮する。数値間の単純な比較ではなく、グラフを使ってデータをプロットし、分布を調べることが求められる。

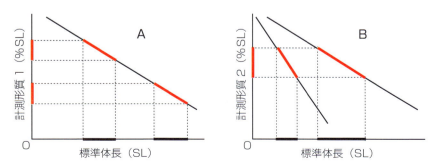

図1.2　成長変異の例。Aは同種であっても計測値が異なっており、Bは別種なのに計測値が同じになっている。

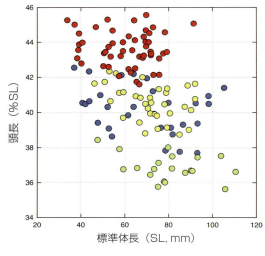

図1.3
コチ科アネサゴチ属魚類4種の頭長に見られる成長変異。体長が大きくなるほど頭長が相対的に小さくなる傾向にある。

赤:ナメラオニゴチ
黄:*O. macrocephala*
青:オニゴチ
緑:アネサゴチ

成長変異の例:*Platycephalus fuscus*の場合

　コチ属(*Platycephalus*)は約20種を含む,コチ科のなかでは最大の属である。本属魚種の分類は非常に難しく,おそらく世界中で最もこのグループの分類に慣れている私でも判断に迷うことがある。その原因の一つとして,多くの種が頭部に顕著な成長変異を持っていることがあげられる。この分類学者泣かせの成長変異を*Platycephalus fuscus*を例として説明する。

　*Platycephalus fuscus*はオーストラリアの東岸に分布する種で,最大で1.2メートルにもなる大型種である。これほどの大型個体にお目にかかったことはないが,体長750ミリ(全長だと874ミリ)の個体は観察したことがある(次ページの写真,右側。カバー袖の写真で,私が持っている標本もこの個体)。一方,左側の写真は体長186ミリの個体である。体長186ミリの個体では眼が大きく,眼の間の幅(両眼間隔)が狭いが,体長750ミリの個体では眼が小さく,両眼間隔が広い。とても同種とは思えないほど,顔つきがまったく違うのがわかっていただけると思う。

　両者(ここでは眼径より正確に測ることができる眼窩径(眼が収まっている骨質のくぼみの最大径)を使っている)の関係をグラフにすると,次ページの図のようになる。つまり,小型のうちは両眼間隔より眼窩径が大きいが,成長するにし

◆ 第 1 章 ◆ 分類学とは？　　13

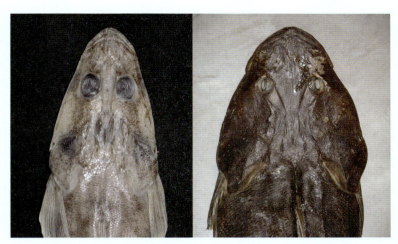

Platycephalus fuscus の頭部背面。左は体長 186 ミリ（オーストラリア博物館所蔵標本），右は 750 ミリ（ヴィクトリア博物館所蔵標本）。

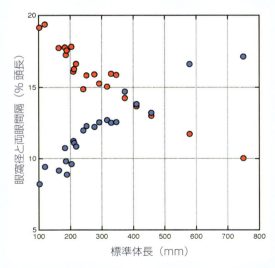

Platycephalus fuscus の体長と，眼窩径（赤）および両眼間隔（青）との関係を示したグラフ。

たがって前者の割合が大きく，そして後者の割合が小さくなり，体長350ミリくらいになるとこれらの関係が逆転し，眼窩径より両眼間隔が大きくなるのである。
　コチ属魚類にはこのような成長変異を持つ種がいるため，標本の「第一印象」だけで分類できない場合が多い。そのため，側線鱗数などの計数形質，色彩，頭部の棘の状態など，多くの形質から総合的に判断しなければならないこともある。しかし，P. fuscus のように眼窩径と両眼間隔の関係がわかってしまえば，これはこれで分類形質となりうる。たとえば，眼窩径と両眼間隔の大きさの関係が入れ替わるときの両者のサイズや体の大きさが種によって異なる場合があるし，最大体長になっても入れ替わりが起きない種もある。個体変異もあるため，厳密な分類形質にはならない場合もあるだろうが，同定の目安には使えると考えている。

　また，成魚では個体変異がなく安定的で，その種にしか見られない特殊形質であっても，生まれたときからあるわけではなく，必ず成長段階のどこかで形成されるはずである。たとえば *Onigocia macrocephala* は南シナ海からオーストラリア北部に分布するコチ科魚類で，体長約54ミリから眼の後部に複数の乳頭状皮弁（図1.4）が形成されはじめ，体長約79ミリ以上ではすべての個体がこの皮弁を持つようになる。本種は同属のアネサゴチと非常に類似しており，比較的最近まで混同されてきたが，この皮弁の有無によって（アネサゴチ属魚類としては）大型の個体では簡便に識別できるようになったのである

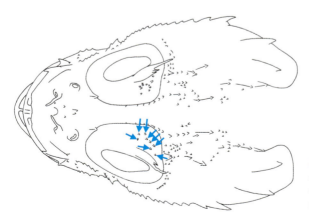

図1.4
Onigocia macrocephala の頭部背面図。矢印は左眼にある乳頭状皮弁を指す。

（Imamura, 2012）。しかし，体長約 54 ミリより小さい個体の場合，この形質では分類できず，頭長などの他の分類形質が必要となる。このように，ある形質がどの段階で発現するかを見いだし，その形質を用いて分類可能となるサイズを明らかにすることが重要になる。そのためにはさまざまな体長の標本を多数観察することが求められる。

また，地理的変異が知られている種もあるので，ある分類形質が多様な分布範囲に生息する個体群すべてに有用かを調べることも重要である。そのためには，分布範囲を網羅的にカバーする標本群を観察しなければならない。

結果として，よりよい分類形質を探すためには，サイズ的にも分布的にも多くの標本の観察が必要となるが，そのような観察には時間と労力がかかるし，十分な標本が得られないことも多いのである。

属や科を分類するには

属や科などの高位分類群では，共通の特徴の有無でグループを認識することになる。しかし，どの共通性を採用するかは観察する人によって変わることがある。たとえば，X，Y，Z の 3 種がいたとする。X と Y は A という共通の形質を持つが，Z にはこれがない。一方，Y と Z は B を持つが，X にはない。いま，A に着目すれば X と Y をまとめることができるが，B に着目すると Y と Z をまとめることになる。どちらのまとめかたが妥当なのだろうか……。もし，研究者によって分類体系が異なり，複数の分類体系が示されていると，分類学を専門としない研究者が，自身の研究対象の科や目などを調べようとしたときに困ってしまうであろう。したがって，分類体系の妥当性を判断する客観的な基準が求められるのである。

❖ 進化の道筋をたどる

生物は進化するものであり，ある種から枝分かれして新たな種が誕生してきたとすると，現生種（現在の地球上に生息している種のこと）も含め，これまで地球上に現れた生物はすべて何らかの血縁関係を持つことになる。この血縁関

係のことを系統類縁関係（phylogenetic relationships）という。系統類縁関係は生物の進化の道筋でもある。これをたどることによって，どの種とどの種が近縁であるとか，どのグループとどのグループが縁遠いのかがわかる。たとえば，数種が近縁で，一つのグループを形成するとしよう。このような近縁種群は，直近の祖先種が進化の過程で獲得した，各種が共通に持っている新しい形質を見つけることによって他種と区別できる。この新しい形質のことを派生形質（derived (apomorphic) character）といい，ある近縁種群に共通する派生形質のことを共有派生形質（synapomorphy）という（一方，もともとあった形質は派生形質に対して原始形質（primitive (plesiomorphic) character と呼ばれる）。したがって共有派生形質は，そのグループを定義するのに極めて客観的な根拠となる。

このように，系統類縁関係に基づいてグループを認識し，共有派生形質によってグループを定義することで，種より高位の分類を行い，分類体系を構築する場合，単に分類とはいわずに，系統分類（phylogenetic systematics）（学問領域としては系統分類学）という名称を用いる（図 1.5）。

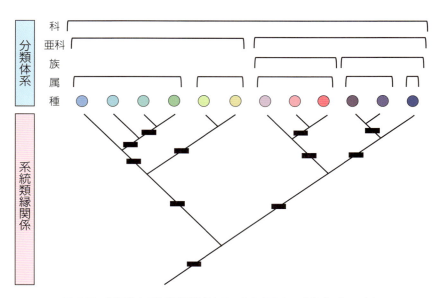

図 1.5　仮説的な系統類縁関係とそこから得られる分類体系の一例。
　　　　黒四角は各グループを支持する共有派生形質を表す。

❖ 系統分類といえる種分類もある

　系統分類は属や科など種より高位の分類に用いられるが，種分類であっても系統分類といってよい場合もある。たとえば，マダイという種の学名（種名（species name または name of a species））は *Pagrus major* だが，この場合の *Pagrus* は属名（generic name，genus name または name of a genus）で，*major* は種小名（specific name）である。このように種の学名は属名と種小名の組み合わせで表現されるため（第 3 章で述べるが，このような方法を二語名法（binominal nomenclature）という），種が所属すべき属も検討される。属は種より高位のグループなので，もし系統類縁関係を考慮しながら属を検討するならば，それは系統分類といえる。しかし，いつも系統類縁関係を背景として種分類が行えるわけではない。すべての分類群で詳細な種間関係が網羅的に推定されているわけではないからである。とくに新種（new species）の場合はできるだけ早く論文にまとめて公表するために，論文に系統的位置までは含めないことが多い（102 ページのトピック「新種発見のエピソード」もご覧ください）。そのような場合は，従来から用いられている属の分類形質（共有派生形質とは限らない）を手がかりとして帰属を検討することになる。

　同様に，個体間の系統類縁関係を詳細に調べ，得られた関係をもとに種を定義する場合も系統分類といえるだろう。個体間の関係は遺伝子を用いて推定するのが一般的で，すでに紹介した Ho et al.（2012）はこういった研究の一例である。

分類群の定義と分類形質

　共有派生形質は分類群を定義することができるが，分類形質には不向きな場合が多い。形態学的観点から系統類縁関係を推定するときは，骨格系や筋肉系などの内部形態を使うことが多いが，これらを観察するには解剖が必要になる。そのため，簡便な分類形質とはなりにくいのである。そのような場合は，共有派生形質でまとめられたグループに共通する外部形態を分類形質とすることになる。このことについて，私の研究（Imamura and Yoshino, 2007）を例に

説明したい。

トラギス科にワニトラギスという種がいる。この種は従来はトラギス属（*Parapercis*）に含められており，学名は *Parapercis gushikeni* とされていた。しかし他のトラギス属魚類とは違う特徴を持っている。たとえば，他のトラギス属魚類では通常4～5本の背鰭棘条数が6本であったり，23～24本あるはずの胸鰭鰭条数が21本以下しかない。そこで，トラギス科内でのワニトラギスの系統的位置を推定することで，本当にトラギス属に含めるのが妥当なのかを検証することにした。

ワニトラギスを含むトラギス科魚類5属12種の骨格系，筋肉系および外部形態を詳細に観察したところ，10個の部位に系統解析に有効な変異を確認できた。解析の結果，図1.7に示すような系統類縁関係が得られた。すなわち，ワニトラギスは他のトラギス属とは系統的位置が異なり，トラギス属とキスジトラギス属が近縁（このような対になった関係を姉妹関係（sister relation）と

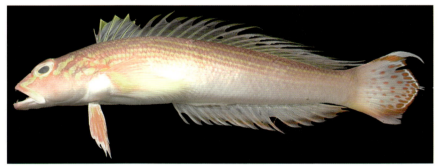

図1.6 ワニトラギス（三重大学水産実験所所蔵標本，写真提供：木村清志博士）

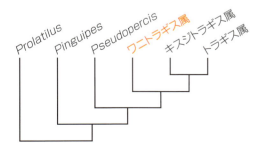

図1.7
トラギス科の系統類縁関係。ワニトラギス属はトラギス属とは異なる一群を形成する。なお，*Prolatilus*は系統解析のための比較対象（外群という。外群を基準として解析対象種の形質が派生的であるかを判断する）として用いている。

いう）で，この2属からなる一群とワニトラギスが近縁であった。この系統関係から，ワニトラギスをトラギス属とは異なる独自の属に含めるのが妥当と結論した。

　それまでワニトラギスという種に対して属が提唱されたことがなかったため，新属 *Ryukyupercis*（ワニトラギス属）を設立することにした。したがって，ワニトラギスの学名は *Ryukyupercis gushikeni* となった。この属名の一部となっている Ryukyu とはもちろん「琉球」のことで，本種が沖縄県で最初に発見されたことに因んでいる。

　系統解析に用いた骨格形質を見ると，ワニトラギス属とトラギス属はいくつかの点で異なる。たとえば，ワニトラギス属では胸鰭を支持する肩帯という骨格群のなかの，烏口骨（coracoid）の前方に伸びる突起の先端の軟骨が擬鎖骨（cleithrum）の側方の翼状突起の内側部分に付着するのに対し，トラギス属で

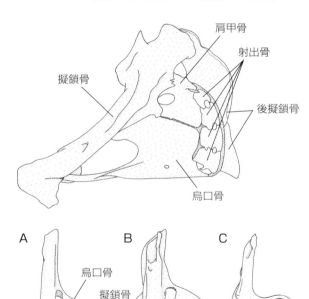

図1.8
ワニトラギスの肩帯の側面図（上）と3種の腹面図（下）。Aは外群の *Prolatilus juglaris*，Bはワニトラギス，Cはトラギス属の状態を表す。

は外側部分に付着する。外群（比較対象）を含め，他のトラギス科魚類ではこの軟骨は擬鎖骨の本体部の外側に付着するため，この状態（原始形質）からワニトラギス属の状態（派生形質）へと変化し，さらにそこからトラギス属の状態（さらに進んだ派生形質）へと連続的に変化したと判断される。

　トラギス属から見ればワニトラギス属の状態は原始的であるため，この形質でワニトラギス属を定義するのは難しいが，トラギス属は最も派生段階の進んだ形質を持つため，この形質で定義するには申し分ない。しかし，これらの特徴は簡単には観察できないため，両属の分類には背鰭棘数や胸鰭鰭条数などの外部形態を用いるほうが簡便なのである。

単系統群と非単系統群

　たとえば，近縁な2属を分類するとき，ある特徴の有無で分けることができれば非常に簡便である。その場合，どちらかは原始形質となることが多い（どちらも派生形質で，そのうちの一つはさらに派生状態が進んだ形質であることもある。前出のワニトラギス属とトラギス属の烏口骨と擬鎖骨に見られる特徴はこの関係にある）。

❖ 強大な犬歯で区別する

　コチ科魚類のなかに，体と頭が非常に扁平化した *Neoplatycephalus* とコチ属（*Platycephalus*）がある。*Neoplatycephalus* は両顎（りょうがく）などに強大な犬歯を持つのが特徴とされる。コチ属も数本の犬歯を持つが，それほど大きくはない。歯の大きさは非常にわかりやすい違いであるため，両者はこの特徴で明瞭に区別されていた。また，多くのコチ科魚類や他の近縁群はこのような犬歯を持たないため，強大な犬歯があるほうが派生形質で，ないほうが原始形質と考えることができる。したがって，*Neoplatycephalus* にとっては強大な犬歯が共有派生形質となる。このように，共有派生形質でひとまとめにできるグループのことを単系統群（monophyletic group）という（図1.9 A）。単系統群には共通祖先とそこから派生したすべての子孫が含まれる。

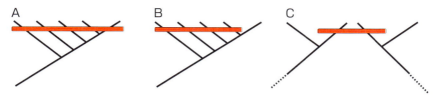

図1.9 3種類の系統群。Aは単系統群，Bは側系統群，Cは多系統群を表す。側系統群と多系統群は厳密には区別できないため，まとめて非単系統群として扱われる。

❖ 鳥とコウモリを一つのグループにすると

　実際に2種の *Neoplatycephalus* と5種のコチ属について系統解析を行ったところ，図1.10のような系統関係が推定された（Imamura, 1996）。すなわち，*Neoplatycephalus* は単系統群と推定されたが，コチ属は単系統群とはならず，*Neoplatycephalus* を含めて初めて単系統群を形成する。このコチ属のように，共通祖先から派生した子孫から一部を除いた群のことを側系統群（paraphyletic group）という（図1.9 B）。系統群としては他にも多系統群（polyphyletic group）があり（図1.9 C），異なる複数の祖先種から派生した一部の種を含む群と定義される。たとえば，羽があることで鳥とコウモリを一つのグループにまとめれば，それぞれ祖先が異なるので（鳥は爬虫類から進化したと考えられているし，コウモリは哺乳類の仲間である），多系統群となる。

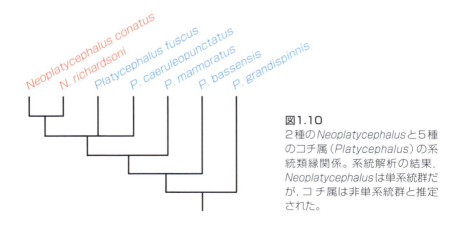

図1.10
2種の*Neoplatycephalus*と5種のコチ属（*Platycephalus*）の系統類縁関係。系統解析の結果，*Neoplatycephalus*は単系統群だが，コチ属は非単系統群と推定された。

このように説明すると，側系統群と多系統群は異なるもののように感じられるだろう．しかし，実は両者は厳密には区別できない．もう一度，鳥とコウモリの例を使って説明しよう．鳥もコウモリも，どちらも脊椎動物の仲間であり，そういう意味では比較的近縁といえる．鳥とコウモリの祖先をさかのぼっていけば，そのうち共通の祖先にたどり着く．つまり，鳥もコウモリもその共通祖先から派生した子孫となる．鳥とコウモリをまとめ，その他の子孫をすべて除いてしまえば，鳥とコウモリからなる群は「共通祖先から派生した子孫から一部を除いた群」となる．除いた「一部」の種数が非常に多いが（爬虫類とコウモリ以外の哺乳類を除くことになる），さきほど説明した側系統群の定義とまったく同じである．図 1.9 B のような典型的な側系統群と多系統群は異なるもののように見えるので，説明のしやすさからこれらの用語を使うこともあるが，突き詰めると両者は区別することができない．このため，私は多くの場合，両者をまとめて非単系統群（non-monophyletic group）として扱うようにしている．

❖ 単系統群に分類群名を与える

多くの研究者は，共有派生形質で定義できない非単系統群を分類群として認めておらず，単系統群のみに分類群名を与える．私もそのような研究者の一人である．先ほどの *Neoplatycephalus* とコチ属の例では，*Neoplatycephalus* は単系統群で，コチ属は非単系統群である．したがって，このままではコチ属は分類群として認めがたく，新しい分類体系を検討する必要がある．やりかたはさまざまであるが，最も受け入れられやすいのは，変更をなるべく少なくした体系だろう．そこで私は，このグループ全体を *Platycephalus*（コチ属）とし，*Neoplatycephalus* の名前は使わないことにした．そのため，たとえば *Neoplatycephalus conatus* は *Platycephalus conatus* に変更される．みなさんのなかには，このグループを *Neoplatycephalus* とし，*Platycephalus* を使わないことにしてもいいのではないかと思った人もいるかもしれないが，それはできない．もちろん理由があるのだが，それは第 3 章の「国際動物命名規約について」で説明する．

分類学の意義

　この章のまとめとして，分類学の意義について述べてみたい。分類学は非常に歴史のある学問で，その起源はアリストテレス（Aristotelēs，紀元前384〜322年）までさかのぼることができるといわれている。また，近代分類学は1758年1月1日を起点としており（この日付についても第3章で説明する），これも260年以上前である。そのため，分類学は「古くさい学問」と誤った認識を持たれてしまうこともある。しかし，だからといってないがしろにしていいわけではない。むしろ生物学全体に対して極めて重要な役割を担っているのである。

❖ 結果の再現性

　生物学ではいろいろな材料を扱う。生物の個体そのものだったり，組織や細胞といった体の一部分であったり，あるいは個体群のような多個体を扱うこともある。しかし，いずれの場合も対象は生物である。生物を扱う以上，その名前を明示することは必要不可欠である。仮に，「なんだかよくわからない生物を使って，こんな実験をしたら，こんな結果になった」という論文があったとしよう。科学論文で最も重要なことの一つに，結果に再現性があることがあげられる。その研究結果が正しいことを証明するためには，同じ材料を使って同じ実験を行い，同じ結果が示されればよいのだが（ひところ話題になったSTAP細胞の一件では，この再現実験がうまくいかなかった），もし材料に何を使ったかがはっきりしなければ，同じ材料で実験をすることは困難で，再現性は保証できない。科学論文としては致命的である。再現性を保証するため，生物系の科学論文では材料の名前を明記しなければならない。したがって，生物の名前を決める役割を担う分類学は，生物学にとってなくてはならない学問領域なのである。

❖ 分類学者が失業する日

　では，分類がどんどん進んでいき，あらゆる生物に名前が付けられ，分類学的な問題がすべて解決され，分類学者が不要となる日はくるのだろうか？　私はまずありえないと考えている。地球には非常に多くのまだ学名が付けられていない新種がいると考えられているからである。あくまで予想なので人によって値はさまざまだが，たとえば 2011 年に行われた試算では，地球上の真核生物（細胞が核を持つ生物）は約 870 万種（±130 万種），そのうち海産種は約 220 万種（±180 万種）で，地上では 86％が，そして海洋では 91％が新種と見積もられている（Mora et al., 2011）。つまり，地上では約 560 万種，海洋では約 200 万種が新種ということになる。過去約 250 年で約 120 万種が見つかっているので，同じペースで新種が公表されていったとしても，約 1600 年かかる計算になる。新種の公表だけでなく，分類学的な再検討を要する種やグループも次々と出てくるだろう。この先，分類学の重要性が変わることはないだろうし，分類学がやるべきことは山積みされている。分類学者が失業する日はそう簡単にはやってきそうにない。

あなたも新種を見つけてみませんか？

　分類学では，種などの分類群を正しく類別し，それらに対して適用すべき学名を決めていく。その過程で，学名を持たない種が見つかることがある。いわゆる新種である。新種はまだ著作物に記載されていないので，未記載種（undescribed species）ともいう。新種が見つかるのは偶然の要素が多く，狙って見つかるものではないし，新種を見つけることだけが分類学的研究ではない（これは強調しておきたい）。とは言うものの，新種が見つかればそれだけで論文を書くことができるし，新学名をつける「名誉」が与えられるので，分類学者にとっては確実にうれしいことではある。新種の命名者として自分の名前が歴史に残ることにもなる。

　個人的には，酷似する 2 種の違いを精査し，誰も気づいていなかった分類形質を見つけ，簡便な識別方法を確立するとか，眼窩径や両眼間隔などの計測値に見られる成長変異を分類形質に応用するとか，むしろ地味に思われるような

研究が大好きなのだが，こういう研究と比べると新種の公表は成果もわかりやすく，多くの人の関心を引くことのできる，「華」のある研究かもしれない。

上述のとおり，新種は狙って見つかるものではないので，発見するまで時間がかかることもあるだろうが，こつこつと地道な研究を行っていれば，それだけ見つける機会も増えることになる。私の場合，これまで36種の新種の公表に関わり，このうち私自身が発見した新種は26種である（残りは共著者が主導した研究）。そんな経験から，ていねいに研究を行えば高確率で新種と出合えると言っておきたい。

あなたも，この研究分野に飛び込み，新種を見つけてみませんか？

トピック ｜ 内村鑑三に見る北大魚類分類学の源流

北海道大学（以下，北大）における魚類分類学の源流は内村鑑三（1861〜1930）に見ることができる。内村は札幌農学校の二期生で，現在ではキリスト教思想家としてよく知られるので，意外に思われる人もいると思うが，彼には水産学徒だった時代があるのだ。

内村のことを語る前に，まず彼が北大で受けた水産学教育から説明したい。北大は札幌農学校として1876年（明治9）に開学した。そして水産学部のルーツである水産学科が札幌農学校に設立されたのは1907年（明治40）である。しかし，札幌農学校ではそれ以前にも水産学の講義が行われており，それが日本における最初の水産学教育であったことは，あまり知られていない。

若かりし頃の内村鑑三
（1883年（明治16）頃撮影）
（北海道大学附属図書館所蔵）

札幌農学校のいわゆる「お雇い外国人教師」であったジョン・カッター（John C. Cutter）は，1878年（明治11）から1887年（明治20）までの間，動物学や獣医学などを担当していた。動物学は3年生の第1学期（1〜6月）に毎週3

時間割り当てられていたが，1880年（明治13）から6時間に増やし，そのうちの3時間を水産学に当てたのである。内容は，重要食用魚の生活史，摂餌，人工孵化などの諸問題であったという。カッターの講義は，東京大学農学部の源流である東京農林学校の簡易水産科や，東京海洋大学の母体のひとつである大日本水産会水産伝習所の設立よりも早く（どちらも1888年（明治21）に設立），これが日本の水産学教育の事始めとなった。

そして1880年に初めてカッターの講義を受けた学生のなかに内村がいた。彼は在学中からアワビの発生に関する研究に取り組み，1881年（明治14）7月に行われた第二回卒業式では「漁業モ亦学術ノ一ナリ」の演説を行ったのである。

内村は分類学に関連する業績も残している。卒業後，開拓使を経て農商務省農務局水産課（御用掛）勤務となり，1884年（明治17）に『日本魚類目録（Catalogue of Japanese Fishes）』を作成した。残念ながら未公表となったものの，5亜綱7目77科341属640種が二語名法で表されており，日本人による初めての体系的な魚類目録となった。そこには和名の他，一部魚類には英名，ドイツ語名，アイヌ名も併記されている。

内村鑑三が著した『日本魚類目録（未発表）』
（北海道大学文書館所蔵，写真提供：河合俊郎博士）

内村が北大で教鞭をとることはなかったが，1909年に魚類学者の疋田豊治博士が東北帝国大学農科大学水産学科に赴任したことで，北大における魚類分類学の教育・研究が再び動き始めた。そして，この系譜は私を含む多くの教員に引き継がれ，現在も脈々と続いているのである。なお疋田博士については，48ページのコラムでも触れているので，そちらもご覧いただきたい。

第2章 魚類とは？

　魚類は世界で約3万2000種が知られており，日本には約4500種が生息している。脊椎動物（魚類分類の世界では脊椎動物の代わりに有頭動物を用いるのが一般的であるため，以降は後者を用いることにする）は6万種以上が知られているため，魚類が有頭動物に占める割合は約半数ということになり，非常に種多様性に富んだグループといえる。

　魚類は種多様性だけでなく，さまざまに多様な側面を持つ。たとえば体の大きさでは，最も小さい魚類は雌の成熟サイズがわずか7.4ミリのコイ科魚類の *Paedocypris progenetica*，最大なのはジンベエザメで，13メートルにもなると言われている。魚類の生息場所は熱帯域から南北両極域まで幅広く，生息水深は表層から8370メートルにも達する。この最深記録は日本にも分布するアシロ科のヨミノアシロが持っている。

　魚類の起源は古く，最も古い化石記録は約5億4千万年前までさかのぼる。最古の魚類であるミロクンミンギア（*Myllokunmingia fengjiaoa*）は中国雲南省の古生代カンブリア紀前期の地層から発見されている。

魚類はひとまとめにできない？

　このように，さまざまな多様性を持つ魚類だが，実は魚類のみをひとまとめにする分類群は存在しない。以前は爬虫綱，鳥綱，哺乳綱などと同列に，魚類は「魚綱（Pisces）」としてまとめられていたが，現代の魚類学者はこのような分類は行わない。たとえば，世界的な魚類の教科書として知られるジョセフ・ネルソン博士（Joseph S. Nelson）ほかが2016年に著した『Fishes of the World（世界の魚類）』の第5版では，ヌタウナギ綱（Myxini），ヤツメウナギ綱（Petromyzontida），軟骨魚綱（Chondrichtheys），および硬骨魚綱（Osteichthyes）

の4つの綱を認め，さらに硬骨魚綱を肉鰭亜綱（Sarcopterygii）と条鰭亜綱（Actinopterygii）に分ける体系が用いられている。

　図2.1をご覧いただきたい。これらの魚類をひとまとめにしている分類群として有頭動物亜門（Craniata）があるが，このなかには私たち人間などの四肢（四足）動物も含まれている。したがって，魚類を一つの分類群とするためには，有頭動物亜門から四肢動物を除く必要があり，そうすると魚類は非単系統群となり，多くの魚類学者にとって認めがたいグループとなる。それを避けるため，上述のような体系が用いられているのである。

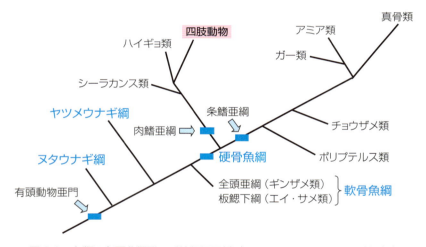

図2.1　魚類の主要分類群の系統類縁関係（Nelson et al., 2016に基づく）

　有頭動物なら，通常，脊椎骨や頭蓋骨のような内骨格を持つなどの共有派生形質で定義できるが，そこから四肢動物を除くと一言では定義しにくくなってしまう。あえて魚類を定義すると，「通常は水中で生活し，鰓呼吸を行い，変温性で，鱗を持ち，四肢を欠き，鰭を持つ有頭動物の総称」のようになってしまい，何ともすっきりしない。しかも，これらの特徴に当てはまらない種・グループもあるため，ますますややこしい。頭のなかでは「鰓があって，鱗があって，鰭があって……」という魚の姿は簡単にイメージできるのだが，単系

統群ではないため,きちんと定義しようとすると,なかなか難しいのである。

　魚類全体は定義しにくいが,上述の4つの綱はそれぞれ明瞭な形質で特徴づけることができる。ここでは『Fishes of the World』第5版に従いながら,以下に魚類の4綱について,概要がわかる程度にごく簡単に解説する。本書で紹介する高次分類群に含まれる目・科・属・種数は章末（38ページ）の表にまとめた。魚類の各分類群の詳細を知りたい人は,巻末の参考文献に示してある魚類学,魚学入門,魚の分類の図鑑などのような出版物をご参照いただきたい。

ヌタウナギ綱 ——粘液孔からヌタを出す

　ヌタウナギ類（図 2.2）は現生魚類で最も起源が古い。体はウナギのように細長いが,ウナギは真骨魚類なので系統的には縁遠い存在である。ヌタウナギ類は海産性で,両顎を持たず（そのため,ヤツ

図2.2　ヌタウナギ類（ホソヌタウナギ）
（北海道大学総合博物館所蔵標本）

メウナギ類とともに「無顎類（Agnatha）」と呼ばれることもある）,口は溝状（魚類学の教科書では,この状態のことをよく「裂孔状」と表現する）で左右に開き,入り口にある片側2列の歯を動かして餌となる獲物の肉をはぎ取って食べる。他にも眼が退化して皮下に埋没する,口の周りに3〜4対のひげがある,鰭は尾鰭しかないなどの形態的特徴を持つ。また,体に粘液孔が多数あり,ここから「ヌタ」と呼ばれる粘液を出し,異物や外敵から身を守る。

ヤツメウナギ綱 ——7つの鰓孔で「八つ目」

　ヤツメウナギ類（図 2.3）も両顎を持たない魚類である。口は吸盤状で,内側に多くの歯を備える。鰓孔（gill opening）は7個（これを眼に見立てると

「八つ目」になる），尾鰭と2つの背鰭を持つ。河川域で産卵し，アンモシーテスと呼ばれる幼生を経て，変態後に成体になる。変態後は2つの生活史がある。一つはカワヤツメのように海や河川の下流

図2.3　ヤツメウナギ類（ミツバヤツメ）
（北海道大学総合博物館所蔵標本）

域に下り，吸盤状の口で大型の魚類に吸い付いて体液を吸って成長し，産卵期になると河川を上るタイプ。もう一つはスナヤツメのように河川に残り，餌をとらずに産卵，そして死んでいくタイプである。

軟骨魚綱──体の骨格は軟骨でできている

　軟骨魚類はその名のとおり，体の骨格要素が軟骨でできているのが大きな特徴である（ただし部分的に石灰化する場合もある）。本群は大きく全頭亜綱（Holocephali）と真板鰓亜綱（Euselachii）に分けられる。全頭亜綱はギンザメ類を含む。サメ・エイ類の現生種は真板鰓亜綱のなかの板鰓下綱（Elasmobranchii）に含まれる。軟骨魚類は上顎と下顎を持ち，背鰭，臀鰭，胸鰭，腹鰭および尾鰭がある。鰾がなく，腸に螺旋弁と呼ばれる特殊な消化器官がある（図2.4）。雄は腹鰭の一部が変化して出来たと考えられる1対の交接器を持つ（つまり軟骨魚類は繁殖のために交尾を行う。32ページの図2.8の

図2.4　シロシュモクザメの螺旋弁（東海大学所蔵標本，写真提供：髙見宗広博士）。螺旋状に巻くことによって吸収面を大きく増やしている。

チヒロカスベの写真に大きな交接器が写っている）。

❖ ギンザメ類 ―顔がネズミやウサギに似ている？

　ギンザメ類（図2.5）には鰓孔が1対，背鰭が2基ある。第1背鰭は小さく，前縁に1本の強い棘（きょく）がある。尾部は糸状に長く伸長する。雄は頭部背縁に前額把握器（ぜんがくはあくき）を持ち，交尾の際にこれで雌を固定するといわれている。

　ギンザメ属の学名は *Chimaera* で，これはギリシャ神話に出てくる怪物の「キメラ（キマイラ）」に由来する。キメラは前部はライオン，中央部は山羊，後部は竜の形をしているとされるが，ギンザメ類の顔はライオンよりネズミやウサギに似ている。実際に，ギンザメ類の英名はラットフィッシュ（ratfish）などで，アカギンザメ属の学名 *Hydrolagus* はラテン語で「水（hydros）のウサギ（lagus）」という意味である。

図2.5　ギンザメ類（ココノホシギンザメ）
（北海道大学総合博物館所蔵標本）

❖ サメ・エイ類 ―見分けるポイントは鰓孔の位置

　サメ・エイ類がギンザメ類と大きく異なる点の一つに鰓孔の数があり（サメ・エイ類では鰓裂（さいれつ）（gill slit）と呼ぶこともあるが，ここでは鰓孔で統一する），ギンザメ類が1対なのに対して，サメ・エイ類では5～7対，通常は5対である。一方，多くのサメ・エイ類もギンザメ類も，鰓孔の内側にあって呼吸の場である鰓弁（さいべん）（gill filament）を支える鰓弓（さいきゅう）（gill arch）という骨格要素は通常4対で，共通している。サメ・エイ類ではこの鰓弓から外側に伸びる鰓隔膜（さいかくまく）（interbranchial septum）と呼ばれる膜状の構造が各鰓孔を隔てており，また

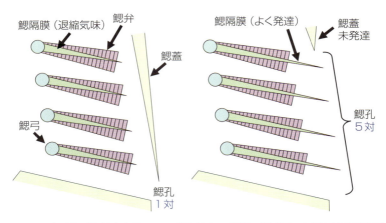

図2.6 ギンザメ類（左）とサメ・エイ類（右）の鰓部の模式図。内部の基本構造は同じだが、鰓隔膜と鰓蓋に違いがあるため鰓孔数が異なっている。

図2.7 サメ類（ドタブカ）
（北海道大学総合博物館所蔵標本）

図2.8 エイ類（チヒロカスベ）（北海道大学総合博物館所蔵標本）。腹鰭の内側から伸びた大きな交接器が確認できる。

図2.9 エイのようなサメのカスザメ
（京都大学舞鶴水産実験所所蔵標本，写真提供：同実験所）

鰓蓋が発達しないために5〜7対の鰓孔が形成されるのに対し，ギンザメ類では鰓隔膜は退縮気味で，前方から鰓蓋が鰓部を大きく覆うため，外から見える鰓孔自体は1対しかないのである（図2.6）。

　サメ・エイ類はさらにサメ区（Selachii）（図2.7）とエイ区（Batomorphi）（図2.8）に分けられる。サメ類のなかにはエイに似た種がいたり（図2.9），逆にエイ類のなかにもサメに似た種がいる（図2.10）。両者を見分けるには鰓孔の位置に着目すればいい。サメ類では鰓孔は体の側面にあるが，エイ類では腹面にある。これさえ知っていれば，簡単に区別することができる。

図2.10　サメのようなエイのシノノメサカタザメ（左が背面，右が腹面。北海道大学総合博物館所蔵標本）。腹面に鰓孔があるため（右の写真の青丸），「サメ」の名前がついてはいるが，これでも立派なエイの仲間である。

硬骨魚綱——体の骨は人と同じで硬い

　硬骨魚類の最大の特徴は，体の骨が石灰化し，硬くなっている点だろう（このような骨を硬骨という。これが名前の由来である）。硬骨魚綱に含まれる私たちの骨も同じである。また，多くの骨要素が縫合して頭蓋骨を形成する（図2.11）。多くの種で鰾を持ち，一部では肺として機能するという特徴もある。硬骨魚綱は肉鰭亜綱と条鰭亜綱に分けられる。

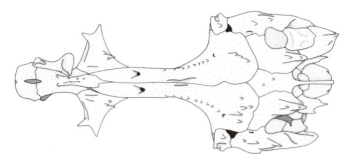

図2.11 コチ科のアネサゴチの頭蓋骨背面図。硬骨魚類の頭蓋骨はいくつかの骨要素が縫合することでできている。また，シーラカンス以外の種では頭蓋骨はこのようにひとつづきになっている。骨要素の数はグループによって若干異なるが，たとえばコチ科のような高位分類群では，左右で対をなす要素が11種類（つまり左右で22個），正中線上にあって対をなさない要素が6種類，合計28個あるのが一般的である。

❖ 肉鰭類 ―シーラカンスと肺魚

　肉鰭類は，魚類としては2種のシーラカンス類（図2.12）と6種の肺魚類（図2.13）の8種のみを含む。分類学的には，シーラカンス類は輻鰭下綱（Actinistia）に，肺魚類はハイギョ下綱（Dipnomorpha）に位置づけられ，四肢動物は3つ目の下綱である四肢動物下綱（Tetrapoda）に含まれる。

　シーラカンス類は以前は絶滅群だと考えられていたが，1938年に南アフリカ共和国のイーストロンドンにあるカルムナ川の河口で生きた個体が採集され，*Latimeria chalumuae* と命名された。属名の *Latimeria* は本種

図2.12 シーラカンス（レプリカ）（動物学博物館（ロシア・サンクトペテルブルク）所蔵資料）

を発見したマージョリー・コートニー・ラティマー（Marjorie Courtenay-Latimer）に，種小名の *chalumuae* は発見場所のカルムナ川に因んで命名された。さらに1999年に，インドネシアのスラウェシ島北部の沿岸から得られ

た2番目の現生種が *Latimeria menadoensis* と命名されている。

　シーラカンス類の大きな特徴として，頭蓋骨が前後に分かれ，両者が蝶番のように動くことがあげられる。これは現生の有頭動物ではシーラカンス類のみの特徴である（34ページの図2.11のコチ類の頭蓋骨はひとつづきになっている）。胸鰭，腹鰭，第2背鰭，第1臀鰭の柄部は筋肉で覆われている。脊椎骨はなく，代わりに太い管状の脊索がある。腸に螺旋弁がある。胎生で，雌がお腹のなかで子供を育てる。

　肺魚類は鰓に毛細血管が発達し，肺として機能するのが最大の特徴で，「肺魚」と呼ばれるゆえんである。胸鰭と腹鰭は葉状（オーストラリアハイギョ）またはむち状（ミナ

図2.13　肺魚類（*Protopterus aethiopicus*）（北海道大学総合博物館所蔵標本）

ミアメリカハイギョとアフリカハイギョ類）である。肺魚類はどの種類も淡水産である。アフリカハイギョ類は夏眠（aestivation）を行うことが知られている。夏眠とは，乾燥する夏の時期，泥に穴を掘り，そのなかに特殊な粘液物質で出来た繭をつくり，そこで休眠するというもので，こうすることで干ばつを乗り切るのである。ミナミアメリカハイギョも夏眠するが，穴は単純で繭もつくらない。

❖ 条鰭類 ―最も種多様性に富む

　条鰭類は魚類のなかでも最も種多様性に富んだグループで，腕鰭下綱（Cladistia）（ポリプテルス類），軟質下綱（Chondrostei）（チョウザメ類），全骨下綱（Holostei）（ガー類，アミア類），真骨下綱（Telesteomorpha）（マダイやヒラメなど鮮魚店で見かける多くの魚類）の4下綱に分類される。特徴として，各鰭が鰭条（fin ray）と鰭膜（fin membrane）で構成され，鰭条を動かす筋肉によって鰭全体を開いたり，たたんだり，倒したりすることができることなどがあげられる。

ポリプテルス類 ―たくさんの背鰭がある

ポリプテルス類（図2.14）は菱形の鱗を持ち，隣接する鱗同士は「ペグ・ソケット関節」という蝶番のような関節様式で連結して遊泳運動による体

図2.14　ポリプテルス類（*Polypterus ansorgii*）
（瀬能宏博士撮影，写真提供：©神奈川県立生命の星・地球博物館）

のねじれを防ぐ。背鰭の数が多く，それぞれの鰭条は1本の棘条（きょくじょう）に付随する数本の軟条（なんじょう）から構成される。ナイル川や大西洋に流入する熱帯アフリカの河川に生息する。ポリプテルス類の1属である *Polypterus* の学名はギリシャ語の polys（多い）と pteron（翼）に由来し，多くの背鰭があることに因んでいる。この特徴から本群は多鰭類（たきるい）とも呼ばれる。*Polypterus endlicheri* の全長は最大で1メートル近くになるが，ほとんどはもっと小型である。

チョウザメ類 ―多くの種が絶滅の危機に……

チョウザメ類（図2.15）には「サメ」という名前がついているので，軟骨魚類のサメの仲間だと思っている人がいるかもしれないが，まったくの別物

図2.15　チョウザメ類（ロシアチョウザメ）
（飼育個体，写真提供：足立伸次博士）

で，硬骨魚類の仲間である。しかし例外的に，現生種のチョウザメ類は骨格が二次的に軟骨化している。

チョウザメ類は北半球の中・高緯度の淡水域，汽水湖，沿岸域（チョウザメ科），およびミシシッピ川水系と揚子江水系（ヘラチョウザメ科）に生息する。淡水魚としては世界最大級で，寿命も長い。たとえば，1926年に捕獲されたオオチョウザメ（ベルーガ）の体重は1000キロで，少なく見積もっても75歳だった。イケチョウザメでは，なんと155歳の記録がある。チョウザメ類の卵を塩蔵したものはキャビアとして珍重されるし，肉も食用となる（私は食べた

ことがないが，かなり美味しいらしい）。

　乱獲や生息場所の破壊により，多くのチョウザメ類が絶滅の危機にある。国際自然保護連合（IUCN）のレッドリストでは，チョウザメ類 27 種のうち，17 種が近絶滅種（Critically Endangered），2 種が絶滅危惧種（Endangered），4 種が危急種（Vulnerable）とされている（IUCN の評価カテゴリーの和訳は WWF ジャパンに従った）。

❖ **全骨類 ―ガーとアミア**
　全骨類は鱗骨区（Ginglymodi）（ガー類）とアミア区（Halecomorphi）（アミア類）に分けられる。

　ガー類（図 2.16）は両顎がくちばし状で，ワニに似た印象を受ける。背鰭と臀鰭は体の後部に位置し，鰾は空気呼吸機能を持つ。通常は淡水で生活し，時に汽水域，非常に

図2.16　ガー類（アリゲーター・ガー）（瀬能宏博士撮影，写真提供：©神奈川県立生命の星・地球博物館）

希に海にも侵入する。北アメリカ，中央アメリカ，キューバに分布する。アリゲーター・ガーは大型種で，体重 135 キロ，全長 3 メートルの記録がある。

　アミア類の現生種は *Amia calva* の 1 種が知られるのみで（図 2.17），北米の五大湖周辺からミシシッピ川水系のみに分布する。しかし，アミア類の化石は南米，ヨーロッ

図2.17　アミア類（*Amia calva*）（瀬能宏博士撮影，写真提供：©神奈川県立生命の星・地球博物館）

パ，アジアなどのジュラ紀～新生代の地層から報告されており，日本からも発見されているため，古い時代には広い範囲に分布していたと考えられる。背鰭基底が長く，脊椎骨は退化し，鰾は空気呼吸能力を持つなどの特徴がある。

❖ **真骨類 ― 3 万種を含む巨大なグループ**

　現生の真骨類は真骨下綱のなかの真骨区（Teleostei）に含められる。真骨類の種数は魚類全体の 96％ を占めており，約 3 万種もの多種多様な魚類を含む。真骨類の特徴として，鱗は通常は円鱗（cycloid scale）か，櫛鱗（ctenoid scale）と呼ばれるタイプである。これらをまとめて葉状鱗（leptoid scales）または板状鱗（elasmoid scales）ともいう。楯鱗や硬鱗などといった他の鱗よりはるかに薄くて柔らかい。鰾は通常は空気呼吸能力がない。

表 本書で紹介する魚類の高位分類群とそれに含まれる目・科・属・種数（Nelson et al., 2016に基づく）

- ヌタウナギ綱：1目1科6属78種

- ヤツメウナギ綱：1目3科10属40種

- 軟骨魚綱
  - 全頭亜綱（ギンザメ類）：1目3科6属48種
  - 真板鰓亜綱
    - 板鰓下綱
      - サメ区：9目34科106属約513種
      - エイ区：4目17科83属少なくとも636種

- 硬骨魚綱
  - 肉鰭亜綱
    - 輻鰭下綱（シーラカンス類）：1目1科1属2種
    - ハイギョ下綱：1目3科3属6種
    - 四肢動物下綱：約3万500種
  - 条鰭亜綱
    - 腕鰭下綱（ポリプテルス類）：1目1科2属約14種
    - 軟質下綱（チョウザメ類）：1目2科6属27種
    - 全骨下綱
      - 鱗骨区（ガー類）：1目1科2属7種
      - アミア区（アミア類）：1目1科1属1種
    - 真骨下綱
      - 真骨区：63目469科約4610属2万9585種

第3章　国際動物命名規約について

　第1章で，分類学の重要な目的に，種やグループに名前（学名）をつけることがあると述べた。学名は生物学に関わる人にとって世界共通の言語である。どのような言葉を使う人であっても，学名を見ればどの種・グループを指しているかが明確に理解できる。当該分類群の専門家でなければ学名を調べるのに時間がかかる場合もあるだろうが，英語と同じアルファベットで書かれているので，見たことも聞いたこともないような言語で書かれた現地名よりははるかに調べやすい。

　日本人なら通常は日本語の名前，すなわち和名を使って書いたり話したりするが，世界的に見ると，和名は日本という一地域で使われている地方名といえる。同様に，英語で名前を表すと英名となる。英語を公用語とする国は多いが，それでもすべての国ではない。生物に対して世界的な共通認識を得るため，研究分野では学名を使用するのである。

❖ 生物は法律に従って命名されている？

　ところで，分類学では法律に従って生物に命名していると言えば驚かれるだろうか。ただし学名のための法律なので，私たちの生活に密接に関係している憲法や民法などとは違う。

　動物の命名行為に関する法律書として動物命名法国際審議会（International Commission on Zoological Nomenclature，以下「審議会」）が著した『国際動物命名規約（International Code of Zoological Nomenclature）』という出版物がある（図3.1）。他にも，植物に対する『国際藻類・菌類・植物命名規約』と，原核生物に対する『国際原核生物命名規約』があるが，3つの命名規約は互いに独立しており，干渉しあっていない。

　現在有効な国際動物命名規約（以下「規約」）は1999年に出版された第4版

で，2000年1月1日に発効した。これに2003年，2012年，および2017年に部分的な改正が加えられ，現在に至っている。

規約の話は一般の方にとっては専門的すぎたり，理解しにくかったり，興味がなかったりするかもしれないが，命名は分類学の重要な目的の一つであるため，魚類分類学をテーマとする本書としてはどうしても規約を無視することができず，1章分を使って紹介することにした。しばらくおつき合いいただければと思う。

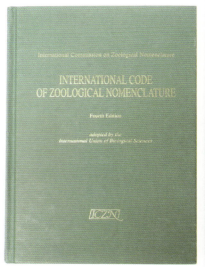 

図3.1 国際動物命名規約（第4版）の原本（左）と日本語版（右）

❖ 規約の目的

規約の目的は，前文に次のように書かれている。すなわち，「動物の学名における安定性と普遍性を推進することと，各タクソンの学名が唯一かつ独自であることを保証すること」である。そして「それら最終目的を遂げるため」に90の条（Article）と関連する勧告（Recommendation）がある。

条は命名行為などに関するルールを細かく取り決めており，強制力を持つ。

従わなくても罰せられることはないが，規約を十分理解せずに論文を書くと「（分類学者としては）未熟者」と言われて恥をかくことになるだろうし，ひどい場合は，せっかく新種の論文を書いてもその学名はなかったものにされることもある．

　勧告には絶対的な強制力はないが，可能な限り従うべきである．条と勧告の他，規約の末尾には用語集，付録，動物命名法国際審議会規則などがあり，付録は倫理規定と一般勧告に分けられる．

❖ 規約は交通ルールのようなもの

　このように，規約には強制力のある条と勧告があると聞くと，「分類学はずいぶん窮屈で面倒だなあ」と感じる人もいるかもしれない．しかし，規約は命名に関する混乱を避けるため，どうしても必要なものである．

　規約はいろいろなルールを設けているが，あくまで命名行為に関する手続きを定めているだけで，分類学者の研究の自由を規制するものではない．実際，規約の前文には「条項と勧告のすべては……分類学上の思考や行為の自由を束縛するものではない」と明記されている．

　分類学と規約を自動車の運転と交通ルールに例えて考えるとわかりやすいかもしれない．私たちは公道で自動車やオートバイを運転する際，標識などに注意しつつ，速度を変えたり，一方通行に従ったり，駐停車可能な場所を探したり，信号を守ったりしている．これらのルールがなく，人々が自分勝手に運転を始めたら，交通はたちどころに麻痺してしまい，身動きが取れなくなってしまうだろう．一方，いつ，どこに，誰と，なんのために行くかなどの個人の目的や予定については，交通ルールはまったく影響力を持たない．規約もこれと同じようなものだと理解してもらえればと思う．

　規約の原本は英語版とフランス語版が一冊にまとめられており，英語版は審議会のホームページ（http://www.iczn.org/iczn/index.jsp）で閲覧できる．また，これを翻訳した日本語版も日本分類学会連合から出版されており，こちらも審議会によって原本と等しい効力を持つ正文として正式に認定されている．他にもスペイン語，ドイツ語，ロシア語，中国語，ギリシャ語版があり，合計

8つの言語で著されている（ギリシャ語は序文のみ）。

　2005年に出版された日本語版［追補］はすでに販売を終了しているが（2021年5月現在），日本分類学会連合のホームページ（http://ujssb.org/ iczn）からPDFを無料ダウンロードできる。興味がある方は入手してみてはいかがだろうか。

学名の表しかた

　ここからは，規約の基本的な内容について紹介したい。

　学名と聞くと種に与えられた正式な名前と考える人がいると思う。もちろん間違いではないが，種だけでなく属や科にも学名がある。基本的に規約が規制する学名は，種階級群（species group，種と亜種を含む），属階級群（genus group，属と亜属），そして科階級群（family group，族，亜族，科，亜科，上科など）に対してであるが，科階級群より高位の分類群も一部の条で規制している。

❖ リンネの二語名法

　種に対する学名（種名）については，すでに第1章で *Pagrus major*（マダイ）を例として少し紹介したが，属名と種小名の2つの名前で構成される。このやりかたを二語名法（二名法ともいう）といい，この規約上の大原則は「二語名法の原理」と呼ばれる。また，このように表される種の学名を二語名（binominal name）ともいう。

　この表記方法を考案したのはスウェーデンの博物学者カール・リンネ（Carl von Linné，ラテン語表記では Carolus Linnaeus）である。リンネは1753年に『植物の種（Species Plantarum）』の第1版を著し，このなかで初めて二語名法を採用した。タイトルのとおり，この本は植物について書かれたものである。さらに，リンネは1758年に『自然の体系（Systema Naturae）』の第10版を著し，二語名を使って動物や植物などを紹介した。

　そして国際動物命名規約では，この『自然の体系』第10版が出版された

1758年の初日の1月1日を規約の起点としている。いいかえると，1758年より前に発表された学名はなかったものとされているのである。大胆といえば大胆だが，そのおかげで学名の安定性が保たれているといえるだろう。

なお，スウェーデンの昆虫・クモ学者のカール・クレック（Carl A. Clerck）は『自然の体系』第10版の出版に先駆け，1757年に『スウェーデンのクモ類（スウェーデン語でSvenska Spindlar, ラテン語でAranei Sveciei）』を著した。この著作物はリンネの校閲を受けており，ここでも二語名法が採用されている。規約では

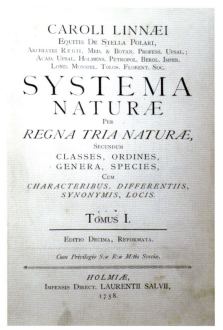

図3.2 リンネが1758年に著した『自然の体系』第10版（北海道大学附属図書館所蔵）

『自然の体系』第10版と『スウェーデンのクモ類』は1758年1月1日に出版されたものとして扱われている。したがって，両出版物で新種として紹介された学名の公表日も1758年1月1日と見なされる。

❖ 二語名は「姓」と「名」？

18世紀に考案された二語名法が現在も用いられているのは，この方法が簡便かつ体系的で，多くの種の学名を表現するのに適しているからだろう。

二語名法が考案されるまでは，ある生物の名前を一語の学名で表し，それと類似する種がいる場合は区別できる特徴を学名に加えていくという方法をとっていた。したがって，近似種が多いと，2語，3語，4語と学名は長くなる。これでは名前としては破綻しているといってよい。

二語名は人の「姓」（名字）と「名」（下の名前）に置き換えると理解しやすい。私の場合は姓が「今村」である。妻も子供も「今村」だし，母と父も「今村」だから，姓だけだと私を他の家族から区別できない。しかし下の名前の「央」を加えると，家族のなかでは私を特定することができる。

　もちろん，日本中には私と親戚関係にない「今村」さんが大勢いる。しかし，動物分類の世界では規約によって，一家族以外に同じ姓（＝属名）を持つことはできないし，同一家族のなかでは同じ下の名前（＝種小名）をつけることもできない（後者は人間もやっていないだろうが）。つまり，違う種や属（科も）の同名は認められていないのである（同名については後述する）。

　あまりに多くの動物種があるために，二語名法だけでは不完全だが，規約で制限を加えることにより，動物の名称を唯一無二，つまり一つの学名を一つの動物のみの名前とすることができるのである。

❖ 学名はラテン語のアルファベット 26 文字で

　学名（科階級群名も含む）はラテン語のアルファベット 26 文字で表すことになっているが，英語のそれと同じなので，とくに困ることはない。この 26 文字以外の，たとえばアポストロフィー（'）のような記号や，a と e を連結した æ のような合字は使わない。しかし例外的に，ハイフン（-）を用いる場合がある。

　種小名の先頭要素がその分類群の形質を示すために使用されるラテン語 1 文字であるなら，規約によって，先頭のアルファベット 1 文字と残りの部分はハイフンで連結する。魚の例では，ミシマオコゼ科の *Astroscopus y-graecum* がある。種小名の意味は「ギリシャ語の Y 文字（ギリシャ語では実際には Υ と表される）」だが，本種の原記載（original description，新種として公表されたときに書かれた種の特徴に関する文章のこと）には，頭部背面の骨質隆起が Y 文字状（y ではなく Y と書かれている）を呈するとされており，これがこの名前の由来と考えられる。研究者によっては種小名は *ygraecum* とハイフンなしで表記すべきと考える人もいるが，先頭の y は本種の形質を示すため，規約に照らすとハイフンでつないで *y-graecum* とするのが妥当だろう。

❖ **種や属の学名は斜字体で**

学名はラテン語アルファベットを使用するが，語源はラテン語である必要はなく，自由につくることができる。単語として使用するのであれば，任意の文字の組み合わせでもかまわない。たとえば，アシロ科の *Sirembo wami* という種の種小名は，西オーストラリア博物館（Western Australian Museum）のアクロニム（頭字語）の WAM に由来している。本種の学名の基準となる標本（ホロタイプという。後ほど説明する）はこの博物館に所蔵されており，これに因んだものと思われる。

属名は頭文字を大文字とし，複数文字，つまり 2 文字以上で表す。魚類では 2 文字の属名にフリソデウオ科の *Zu*（ユキフリソデウオ属）がある。種小名も 2 文字以上だが，こちらは頭文字は小文字である。そのため，前述の種小名 *y-graecum* は，大文字の「Y」に因んだ学名であっても，*Y-graecum* とはできないのである。

図3.3
ユキフリソデウオ
（京都大学舞鶴水産実験所所蔵標本。写真提供：同実験所）

また，両者とも斜字体（イタリック体）で表現される。そのため，論文などのなかに種や属の学名がでてきたときは他の単語に埋没せず，一目で識別することができる。ただし，これらの斜字体での表記は条で規定されているわけではなく，規約の末尾の付録中にある一般勧告に「地の文に使われているのと異なる字体（フォント）で印刷されるべき」で，「通常，斜字で印刷される」と書かれている。

著作物のなかには，あまり一般的ではないが，たとえば図のキャプション（説明文）が斜字体で書かれており，種や属の学名を斜字体ではなく通常の直立した字体（ローマン体）で表すものもある。種や属の学名の斜字体表記が義務ではないので，学名を地の文に埋没させないために，このような表記も規約的には可能なのである。

属名は主格単数形の名詞で，男性，女性，中性の区別がある。そして種小名にラテン語の主格単数形の形容詞や分詞を用いる場合は，これらを属名の性（gender）に文法的に一致させる。英単語には性がないのでわかりにくいかもしれないが，ラテン語，ドイツ語，ロシア語などの言語では，名詞に性があり，修飾する形容詞も名詞の性にあわせて変化する。たとえば，マサバという種の学名は *Scomber japonicus* だが，属名の *Scomber* はラテン語の男性名詞（サバの意味）なので，種小名は男性形の *japonicus*（ラテン語式に造語された形容詞で「日本の」の意味）となる。もし属名の性が女性や中性だったら，それぞれに女性形の *japonica* や中性形の *japonicum* を連結させる。

❖ 人物名をつけたり，属名を省略したり

先ほども紹介したように，マサバの学名は *Scomber japonicus* だが，この学名の後に人物名をつけて *Scomber japonicus* Houttuyn と表す場合もあるし，さらに数字を付けて *Scomber japonicus* Houttuyn, 1782 とすることもある。Houttuyn とは本種の命名者，オランダの医師であり博物学者でもあるマールテン・ハウトイン（Maarten Houttuyn）のことで，1782 は彼が本種を命名した年，つまりこの学名が初めて登場した著作物が公表された年を表す（規約では date（日本語版では日付）と表記されるが，理解のしやすさから本書では公表年と呼ぶ）。命名者（出版物を著した人でもあるので著者（author）ともいう。規約日本語版のなかではこちらを用いている）と公表年は学名の一部ではないが，規約の勧告によって著作物中で少なくとも 1 回は引用すべきとされている。

また，属名は種の学名が初めて出てきたときは省略すべきではないが，2 度目以降は *S. japonicus* のように省略してもかまわない。しかし，たとえば同

じページにカサゴの仲間の *Sebastes*（メバル属）に関する記述があると，*S. japonicus* では属名が *Scomber* なのか *Sebastes* なのかわからない。そんなときは *Sc. japonicus* のように 2 文字目まで書くなどして区別できるようにする。

❖ 著者と公表年を（ ）でくくると

　シシャモの学名（と著者と公表年）は *Spirinchus lanceolatus* (Hikita, 1913) である。ここでいうシシャモとは，北海道太平洋岸に生息する，いわゆる「本ししゃも」のことである。スーパーなどで安価で出回っているのは北太平洋や北大西洋などに分布するカラフトシシャモという別種である。

　上述のマサバと異なり，著者と公表年が丸括弧でくくられている。この丸括弧は，公表されたときは別の属に含められていたことを意味する。本種の場合は，疋田豊治博士によって公表されたときは *Osmerus*（キュウリウオ属）という属に含められていたが，現在では *Spirinchus*（シシャモ属）になっている。

図3.4　マサバとシシャモの学名。種の学名は属名と種小名で表す二語名で，その後ろに著者名と公表年を加える場合もある。著者名と公表年は学名の一部ではない。

❖ 接尾辞でわかる科階級群

　科階級群の学名は基準となる属名があり（タイプ属という。後述する），そこから形成される。基準となる属名は，実際にある属の学名として使われているもの（あとで説明する用語を使うと「有効名」）であればどれでもよく，最初に科階級群を設立する人の裁量に委ねられる。ただし勧告として，可能な限

り有名で，その科階級群を代表する属を選ぶべきとされている。

たとえばコチ科の場合は，*Platycephalus*（コチ属）が基準（タイプ属）となっており，この属名の語幹である *Platycephal-* から Platycephalidae が形成されている。科階級群の学名も属名と同様に頭文字は大文字で表すが，斜字体とはしない。最後に -idae がついているが，これは科の接尾辞として規約で定められているもので，他にも族なら -ini，亜族なら -ina，亜科なら -inae，上科なら -oidea と決められている。したがって，それが理解できていれば，接尾辞を見るだけでどの科階級群であるかが判断できるのである。

疋田豊治博士について

疋田豊治博士（1882～1974）は，北大水産学部の前身である東北帝国大学農科大学水産学科，北海道帝国大学附属水産専門部，函館高等水産学校で1909年（明治42）から1947年（昭和22）までの40年ちかくにわたって教鞭をとられた方で，北大教員としての私の大先輩であるとともに，北大の魚類分類学の系譜を私たちに引き継いでくれた方でもある。退職後の1961年（昭和36）には北海道文化賞と大日本水産教育功績賞を受賞されている。

疋田豊治博士
（北海道大学総合博物館所蔵資料）

本文で述べたとおり，疋田博士は *Spirinchus lanceolatus*（シシャモ）の命名者として知られる他，カレイ類についてはまとまった研究がなかった当時，外部形態，骨格，組織，発生などの詳細な研究を重ね，1934年に『北日本産鰈類』を発表し，北日本産カレイ類の分類の基礎を築いた。この著作物のなかで *Pseudoplatichthys oshorensis*（オショロガレイ）を発表したが，これはのちにヌマガレイとイシガレイの雑種であることが判明した（したがって，この学名は規約に照らすと除外名となる。除外名については本文で後述する）。

北大総合博物館分館の水産科学館には疋田博士が撮影した約6900枚ものガラス乾板が保管されている（当時はフィルムではなくガラス乾板をネガとする

のが一般的だった）。かなりの写真好きだったようである。その半数が魚類を含む海産生物の写真で，他は風景や人物の写真である。たとえば，北海道帝国大学創基五十周年記念祝典では写真係を務めていた。このように，北大はもちろん，道内・道外で撮影された写真が多数残されており，当時の様子を知る上で，たいへん貴重な資料となっている。

疋田博士が撮影した北大の風景（いずれも北海道大学総合博物館所蔵）

左上：東北帝国大学農科大学水産学科水産講堂（1937年（昭和12）8月13日撮影）。水産講堂は1907年（明治40）7月に現在の北大農学部本館正面に向かって左側に落成した。同年9月1日に札幌農学校は東北帝国大学農科大学に改称され，同9月11日にこの講堂で農科大学の開学式が挙行された。1964年（昭和39）に解体され，現在その姿はない。

右上：北海道帝国大学附属水産専門部全景（1926年（大正15）撮影）。東北帝国大学農科大学は1918年（大正7）4月1日に北海道帝国大学農科大学となり，同時に水産学科は北海道帝国大学附属水産専門部に改称された。この頃，照明がガス灯から電灯へ変わり，研究活動も夜遅くまで一段と活発に行われるようになった。

左下：函館高等水産学校（正門）（1937年（昭和12）6月23日撮影）。1935年（昭和10）4月1日に附属水産専門部は北海道帝国大学から独立，函館高等水産学校となり，札幌市から函館市へ移行した。同5月1日に開校式，入学式および旧水産専門部から移行する学生の上級生編入式が挙行された。

右下：函館高等水産学校遠洋漁業科（1941年（昭和16）9月19日撮影）。遠洋漁業科は漁撈学科卒業生が進学する専攻科で，1941年（昭和16）に設置された。修業年数は1年半の乗船練習を含む2年半であった。卒業生には漁船船長としての上級海技免状無試験授与の特典，さらに海軍予備役編入の恩典があった。

公表の要件

　新しい学名は，どんな出版物に出してもよいわけではない。規約には「公表の要件」として，3 つの条から構成される章がある。

　規約第 4 版が出版された 1999 年当時はインターネットがいまほど普及しておらず，現在では一般的となっているネット上でのオンライン出版に対する条は盛り込まれていなかった。2012 年の改正により，一定の条件を満たせばインターネットによる電子的な公表も認められることになった。

　著作物が満たすべき要件としてまずあげられているのが，公的であり，永続的な科学的記録を提供する目的で発行されていることである。つまり，私たちが本屋さんやコンビニで見かけるような一般的な雑誌類に新学名が掲載されていたとしても，それは公表されたことにはならないわけである。また，最初に発行された時点で無料または有料で入手できること。つまり，その気になれば誰でも入手可能なものでなければならない。

　電子的な著作物についても要件を簡単に説明しておく。まず，2012 年以降に発行されたもので，その著作物のなかに公表の日付が示されていること。また，「Official Registry of Zoological Nomenclature」（別名 ZooBank）という著作物の登録所があるのだが，そこに当該の著作物が登録されており，その証拠がその著作物に示されていること。登録すると登録番号が割り振られるので，その番号を著作物中に示せばよい（ただし，登録番号はその著作物中で提示する。あとで別の場所で示すことは認められていない）。たとえば，私が 2018 年に出版したアカゴチ科の 2 新種の論文には，513182C5-0EB0-438C-85AA-27338C25E156 の登録番号が示されている（Imamura et al., 2018）。

❖ 公表したことにならないもの

　規約には公表したことにならないものについても書かれている。たとえば，学会で新種の発表を行い，講演要旨集で「この新種に対しては○○の学名を与える予定である」と書いたとしても，学名を公表したことにはならない。

また，公表は棄権することができる（棄権宣言という）。私が所属する「日本魚類学会」の講演要旨集では，「棄権宣言　この講演要旨は国際動物命名規約における命名法的行為や情報の公開を目的としたものではない」と謳っている。上述のとおり，そもそも講演要旨集での新学名の発表は規約のいう公表にはあたらないのだが，念には念を入れて，万が一にも講演要旨集から命名法的混乱が発生しないように配慮しているのである。

適格名と有効名

❖ 適格名，不適格名，除外名

　規約には「適格性の要件」という章があり，学名が適格名（available name）であるための要件が述べられている。適格名とはなにかを一言で説明するのは非常に難しいが，あえて挑戦すると，「動物の名称として使える可能性のある学名」ということになるだろうか。あまりはっきりしない表現だが，「動物の名称として使える学名」ということはできない。すべての適格名が学名として使えるわけではないからである。

　適格性の要件としては

- 1758年以降に公表されていること
- ラテン語アルファベットで綴られていること
- 学名が公表された著作物は二語名法が一貫して使われていること
- 学名が提唱された時点で有効名として使用されていること（「有効名」の意味は後ほど説明する）

などがある。要件を満たしていないと不適格名（unavailable name）となり，動物の学名として使えない。その他にも，除外名（excluded name）というものがあり，たとえば奇形や雑種そのものの標本に基づいて公表された種の学名も適格名にはならない。

❖ **適格名がいくつもあったら？―有効名と無効名**

　種や属などで同一の分類群に複数の適格な学名が与えられている場合，人によって使う学名が違えば意思の疎通ができなくなる。そこで学名の安定のため，複数の適格名のなかから用いる学名を一つだけ選ぶことになる。

　このような事例は，実は非常にたくさんある。とくに古い時代では，たとえば種の場合だと，記載（description，種の特徴を書き表した文章のこと）の分量が短かったり，図が掲載されていなかったりして，種の特徴が十分に表現されていないことが多かった。そのため，同じ種だとは気がつかず，異なる学名で新種として公表されていったのだろう。

　複数ある適格な学名のなかから選ばれて，動物の名称として採用される学名を有効名（valid name）という。逆に，選ばれなかった学名を無効名（invalid name）という。したがって，分類学では適格名のなかからその分類群に用いるべき有効名を探しているということもできる。もし適格名が1つしかない分類群ならその学名を使用すればいいし（ただし本当に適格名が1つしかないことを調べ上げるにはかなりの時間を要する場合がある），適格名が与えられていないなら，新しい適格名をつくり，新学名として公表することになる。

先取権の原理――「早い者勝ち」のルール

　次に有効名を選ぶ基準について説明する。

　複数の適格名から有効名を選ぶ場合，規約には「先取権の原理」という非常に重要かつシンプルなルールがあり，最も早く公表された学名が採用される。「早い者勝ち」なのである。

　第1章で *Platycephalus*（コチ属）と *Neoplatycephalus* の話題に触れ，これら2属を一つにまとめ，*Platycephalus* として再定義し，*Neoplatycephalus* の名前は使わないことにしたと述べた。その理由は先取権の原理に従うためだったのである。

　Platycephalus はマルクス・ブロッホ（Marcus E. Bloch）によって1795年に，*Neoplatycephalus* はフランシス・カステルノー（Francis Castelnau）によっ

て 1872 年に公表された属である。*Platycephalus* のほうが公表が古く，先取権（priority）があるため，この学名を有効名として採用したのである。

　この場合，*Neoplatycephalus* は無効名となる。また，有効名となった公表年の古いほうの学名である *Platycephalus* を古参異名（または古参シノニム）（senior synonym），無効名となった公表年の新しいほうの学名である *Neoplatycephalus* を新参異名（または新参シノニム）（junior synonym）という。

❖ 例外もある

　例外的に，先取権のない新参の学名が有効名となることもある。長い期間にわたって広く一般的に使われてきた学名が，これまでほとんど使われたことのなかった古参異名のために使うことができなくなると，分類学的な安定が損なわれるため，新参異名の使用を認める条があるのである。

　ただしハードルはかなり高い（そしてわかりにくい）。該当する古参異名が 1900 年以降に有効名として扱われておらず，さらに新参異名が直近の 50 年のうちの 10 年以上の期間にわたり，少なくとも 10 人の著者が公表した少なくとも 25 編の著作物のなかで，有効名として使われていなければならないのである。もう少しわかりやすく言い換えると，古参異名はおよそ 120 年以上は使用実績がなく，新参異名はこの半世紀の間のどこかで 10 年以上の期間に多くの著者によって使用実績があるということが示されなければならない。

　これを満たしていれば，新参異名を使い続けることができる。ただし，新参異名を「使ってもいい」ではなく「使わなければならない」のである。規約では「慣用名（ここでは，長く使われてきた新参異名のこと）を維持しなければならない（prevailing usage must be maintained）」という表現が使われている。must であり，強制である。

　上述の条件を満たさなくても，優先権（precedence）を逆転させたほうがよいと考えられる場合には，著者は審議会にその旨を申し出ることができ，審議会はそれが適切であると判断した場合には「強権」を発動し，古参異名を抑制，つまり使えなくすることができる。

❖ 第一校訂者の役目 ―複数の学名が同時に公表されたら？

　先取権の原理は1日違いでも適用される。しかし，異なる著作物が同じ日に公表されれば，同時に公表されたことになる。また同じ著作物で公表された場合も，掲載されたページのあとさきによる先取権はなく，同時と見なされる。

　このような先取権の原理で適用すべき有効名を客観的に選べない場合には，公表された著作物が同じであっても違っていても，いずれかの学名に優先権を与える（つまりその学名が有効名となる）ことを最初に別の著作物で公表した著者の決定に従うことになる。この著者のことを第一校訂者（first reviser）という。このような，第一校訂者が優先順位を決定するというルールは「第一校訂者の原理」と呼ばれる。

　第一校訂者として優先権を決める場合は，勧告により，命名法の安定と普遍性に最もよく寄与するであろう学名を選ぶべきとされている。少しわかりにくいかもしれないが，たとえばよく使われている学名とほとんど使われたことがない学名の間で優先権を決める場合は，よく使われているほうを選ぶべき，ということである。

　同じ階級群の異なる階級で同時に公表された場合は，階級の高いほうに優先権が与えられる。たとえば，科階級群のAidae（A科）とBinae（B亜科）が優先権を争う場合，前者は科，後者は亜科として公表されているので，階級の高いAidaeに優先権がある。ここには第一校訂者の判断は必要ない。

学名には基準がある──担名タイプの指定

　種，属，科のどの階級群に属する分類群であっても，それらの学名を公表するときは，学名の「基準」を指定することが求められている（このルールは「タイプ化の原理」と呼ばれる）。この基準のことを担名タイプ（name-bearing type）という。新種を公表するのであれば，種の構成単位は個体なので，種の学名の基準は特定の個体（標本）となる。同様に，属の場合は特定の種が，科の場合は特定の属がそれぞれの学名の基準となる。ここではおもに，種の学名の基準について説明する。

◆ 第 3 章 ◆ 国際動物命名規約について　55

❖ 種の担名タイプは 4 種類

　種の担名タイプとなる標本には 4 種類ある。すなわち，ホロタイプ（holotype），シンタイプ（syntype），レクトタイプ（lectotype），ネオタイプ（neotype）である。種のタイプとなる標本（タイプ標本（type specimen）ともいう）には，これら 4 種類以外にもパラタイプ（paratype）とパラレクトタイプ（paralectotype）がある。これらは担名タイプではないため，厳密な意味では種の学名の基準とはならないが，どちらも担名タイプに準ずる重要性の高い標本である。

　なお，属の担名タイプとなる種はタイプ種（type species），科の担名タイプとなる属はタイプ属（type genus）と呼ばれる。

❖ 唯一無二のホロタイプ

　ホロタイプは唯一無二の 1 個体の標本で，著作物中でこれが指定されれば，種の学名の基準を 1 個体に集中させることになる。

　現行の規約では，新種（と新亜種）を公表する際はホロタイプを指定するべきとの勧告がある。複数個体に基づいて新種が公表され，ホロタイプが指定されなかったときはそれぞれの標本がシンタイプとなるが，規約の勧告があるため，現在は意図的にシンタイプを担名タイプにすることはまずありえず，基本的に古い時代に新種として公表された種に限られている。

　現在では，新種の標本が複数個体ある場合，1 個体をホロタイプに指定し，残りの標本をパラタイプにすることが一般的である。ホロタイプとパラタイプをあわせた標本群をタイプシリーズ（type series）という[*1]。いいかえると，パラタイプはホロタイプ以外のタイプシリーズの標本だが（実際に規約ではこのように定義されている），パラタイプ（あるいはホロタイプ以外のタイプシリーズ）の指定に関する条や勧告はない。したがって，パラタイプの指定は任意であり，何個体を選ぶか，どの標本を選ぶかなどのすべてが著者の裁量となる。

[*1] タイプシリーズは「それに基づいてある名義種階級群タクソン（適格な種と亜種のこと）が設立されたあらゆる標本」と定義されるため，レクトタイプとパラレクトタイプをあわせた標本群，シンタイプ全個体からなる標本群もタイプシリーズである。

❖ 複数個体から指定されるレクトタイプ

　ホロタイプは 1 個体，シンタイプは複数個体なので，標本の紛失などを考慮するとシンタイプのほうがいいのでは，と思う人がいるかもしれない。しかし分類学的には，規約で望まれているように，ホロタイプのほうが圧倒的に好ましい。シンタイプには複数種が含まれている可能性があり，その場合は，どの種に当該の学名を用いるかを慎重に考えなければならなくなるからである。

　このような場合は，シンタイプのなかから 1 個体の標本をレクトタイプに指定し，ホロタイプと同様に学名の基準を 1 個体に集約させることで解決する。レクトタイプに指定されなかったシンタイプは自動的にパラレクトタイプとなり，担名タイプではなくなるとともに，レクトタイプ以外のタイプシリーズという位置づけになる。

　レクトタイプの選びかたにも勧告がある。「レクトタイプを指定する場合，……著者は，その学名の従来受容されている適用範囲から外れないように行動するべきであり，少なくともそれを重視すべきである」。かなりわかりにくいが，たとえば，ある種のシンタイプに実は 2 種が含まれていて，1 種は非常に広範囲から知られている普通種で，もう 1 種は分布が限定的な稀種である場合，それまでは普通種のほうがこの学名で呼ばれていたことが圧倒的に多いと考えられるので，普通種のほうに当該の学名を与えよう（そうしないと普通種の学名が変わることになる。つまり従来の学名の「適用範囲」から外れてしまう）ということである。その他にも，他の条件が同じなら，描画が公表されている（つまり，描画のもとになった）シンタイプを優先すべきとされている。

❖ レクトタイプ指定の例

　ここでシンタイプのなかからレクトタイプを指定した例を紹介したい。

　動物学者のマックス・ヴェーバー（Max Weber）は，調査船「シボーガ号」のインドネシア海域で実施された Siboga Expedition という学術探検航海に関する報告書のなかで，*Platycephalus grandisquamis* という新種を公表した（Weber, 1913）。本種は 6 個体のシンタイプに基づいて新種として公表され，そのうち 5 個体が現存する（図 3.5）。

◆ 第 3 章 ◆ 国際動物命名規約について　57

図3.5
Platycephalus grandisquamis Weber, 1913 の 3 個体のタイプ標本（ナチュラリス生物多様性センター収蔵標本）。本種の現存する 5 個体のシンタイプのうち，いちばん上の標本を本種のレクトタイプに指定した。他の標本は自動的に本種のパラレクトタイプになる。本種の学名は新参一次同名であるため，置換名として *Onigocia siboga* が与えられている。

　当時このシンタイプを所蔵していたオランダのアムステルダム動物学博物館に頼んで，これらの標本を借用させてもらった（現在はライデンにあるナチュラリス生物多様性センターに移管されている）。観察したところ，1 個体は *Onigocia grandisquama* (Regan, 1908)（ナメラオニゴチ，図中央），2 個体は *Thysanophrys celebica* (Bleeker, 1854)（セレベスゴチ，図下）であった。残りの 2 個体は眼の下の隆起線（suborbital ridge，骨質で線状の隆起物のこと）が鋸歯状である，側線鱗が 30 枚程度であることなどで *Onigocia*（アネサゴチ属）に属するが，腹鰭に数個の小黒色斑を持つなどの特徴で，アネサゴチ属のどの有効種とも一致しなかった（図上）。

　このように，*P. grandisquamis* Weber は 3 種に基づいて公表されたことになる。そこで私は，他のアネサゴチ属とは異なる 2 個体のうちの 1 個体（図上）を *P. grandisquamis* Weber のレクトタイプに選ぶことにした[2]。しかし，*O.*

---

[2] もしこの 2 個体以外の標本を選べば，本種は *O. grandisquama* (Regan) か *T. celebica* の新

grandisquama (Regan) は公表時には *Platycephalus grandisquamis* Regan とされていたため，*P. grandisquamis* Weber は前者の新参一次同名であり，無効名である（同名については次節「種は違うけれど名前は同じ ―同名関係」を参照してほしい）。規約に従い，*P. grandisquamis* Weber に対し，置換名 *Onigocia sibogae* を新たに与えることとした（Imamura, 2011）。種小名はこの探検航海を実施した調査船シボーガ号に由来する。

❖ 紛失したらピンチヒッターはネオタイプ

ネオタイプは，ホロタイプやレクトタイプが紛失してしまい，担名タイプがないと分類学的混乱が解消できないときなどに指定することができる。しかし，担名タイプが紛失していても，分類学的な問題がなければ，ネオタイプを指定しても無効となる。ネオタイプは現存するパラタイプまたはパラレクトタイプから選ぶのが望ましいとされている。

もしネオタイプを指定した後で，かつてのホロタイプやレクトタイプなどの担名タイプが発見された場合は，そのネオタイプ指定は破棄され，再発見された標本が担名タイプとして復活する。

種は違うけれど名前は同じ ― 同名関係

種は異なるのに，まったく同じ学名がつけられてしまうケースもある。これを同名（または異物同名，ホモニム）（homonym）という。同名関係は属や科でも生じる。同名関係に対しても先取権の原理が適用され，先に名付けられた古参同名が有効名となり，後でつけられた新参同名が無効名となる。

古参同名はそれまでどおりに当該分類群の学名として使えばよいが，問題は無効名となった新参同名である。無効名なので，その分類群に対して使えない。もしその分類群に新参異名があるなら，それを有効名として使うことになる（複数の新参異名があれば，そのうちの最も古い名前が選ばれる）。もし新

参異名となり，どのアネサゴチ属の有効種とも異なる2個体は新種となり，分類学的変更が多くなってしまうので，それは避けるべきである。

参異名がないなら，置換名（replacement name）を提唱して，無効名となった新参同名と置き換える。

❖ 一次同名と二次同名

　同名には 2 種類ある。たとえば，前述のように *Platycephalus grandisquamis* Regan, 1908 と *Platycephalus grandisquamis* Weber, 1913 の 2 種があり，後者は設立された時点で前者と同名である。この場合は一次同名（primary homonym）と呼ばれ，後者は新参同名（新参一次同名）で，永久に無効となる。

　一方，たとえばコチ科に *Onigocia macrolepis*（Bleeker, 1854）（アネサゴチ），アカゴチ科に *Bembras macrolepis* Imamura, 1998 という種がいる。両者は科レベルで異なる種なので，実際にはありえないが，仮に後者を *Onigocia*（アネサゴチ属）に含めると *Onigocia macrolepis*（Imamura, 1998）となり，これは前者と同名である。このように，のちに別属に移されて同名になる場合は二次同名（secondary homonym）と呼ばれる。この例では新参同名（新参二次同名）である後者が無効名となるが，帰属が変われば同名関係は解消される。

　二次同名の場合，もしも 1960 年以前に新置換名が提唱されていれば，のちに帰属が変わって同名関係が解消されたとしても，置き換えられた新参二次同名は永遠に無効となる。しかし，1961 年以後に新置換名が提唱され，後に 2 者が同属ではないと考える著者が現れれば，その著者によって新参二次同名は復活させられる。

トピック　学名が変わっても和名は変わりません

　日本には約 4500 種の魚類が生息しており，そのほとんどに標準和名（standard Japanese name）がつけられている。標準和名とは日本国内で共通に使用できる和名である。一部の種ではまだ学名が定まっておらず，「○○属の一種」と表記される場合もある。地方名も和名の一つである。たとえば，カサゴ目魚類である *Sebastolobus macrochir* の標準和名はキチジで，キンキンやメンメなどの地方名（方言）がある。特定の地域で使うものであれば，他の地域では意味

が通じないということも起こりうる。他にも成長段階によって呼び名が違う場合がある。たとえば，ブリやスズキなどは出世魚と呼ばれ，成長にしたがって名前を変えていく。また，イワシやニシンなどの子供はシラスと呼ばれ，親と区別される。このように，和名には標準和名，地方名，成長段階による名前があるが，一般的に和名というと標準和名を指す。

規約によって一つの種を一つの学名で表すことになっているため，種と学名（有効名）は1対1の関係にある。しかし，これらは連動しているわけではなく，たとえば古参異名が新たに見つかれば，学名はその古参異名に変更される。一方，種と標準和名は基本的には連動しており（ときどき和名が変更されることもあるので，つねに連動しているわけではない），その点で種と学名の関係とは異なる。なかには1種に対して2つの和名がつけられている場合もあるが，むしろ少数派である。

種と標準和名は基本的に連動し，種と学名は連動していないので，学名と和名も連動していないことになる。つまり，ある種の学名が変更されても，和名はそのまま使われるのである。たとえば，オグロトラギスというトラギス科魚類がいる。かつては *Parapercis hexophtalma* の学名が与えられ，インド洋および南日本を含む西部太平洋に広く分布すると考えられていた。しかし研究の結果，日本からインドネシアまでの西部太平洋に分布する個体群は新種であることがわかり，*Parapercis pacifica* の学名が新たに与えられた（Imamura and Yoshino, 2007）。しかし，和名はオグロトラギスがそのまま使われている。学名は変わっても，種の実体が変わるわけではないので，種に対する標準和名まで変更する必要はないのである。

オグロトラギスの水中写真
（内野美穂氏撮影，写真提供：神奈川県立生命の星・地球博物館）

第4章　標本が分類学を支えている

標本を管理・保管することの大切さ

❖ 分類学は「標本ありき」の学問分野

　分類学では対象となる生物の標本を観察し，さまざまな特徴を調べていく。したがって，分類学は「標本ありき」の学問分野であり，標本がなければ基本的には研究を進めることはできない。

　標本は通常，博物館などの研究機関に学術標本として保管されている。生物を扱う研究では，実験に使った生物の名前（学名）を明示することが，研究の再現性を保証する上で重要であると第1章で述べた。しかし，分類学にとっては生物の学名を明らかにするのが目的のひとつであり，示される学名が研究の結果である。そして，その結果の再現性を保証するのが学術標本なのである。

　分類学的研究を進めていれば，過去に公表された著作物で使用された標本の再観察が必要になる。なかでも，とくに重要なのはホロタイプやシンタイプなどの担名タイプの観察である。また，かつて自分で観察した標本であっても，新しい分類形質が見つかって再観察が必要になる場合もあるし，計数や測定の誤りが疑われる場合も再観察の対象となる。その他にも，かつて誰かがある種を，その本来の分布から著しく外れる場所から報告したような場合も，種の同定に誤りがないかを確かめる必要があるだろう（実はこういう確認をていねいにやっていると，新種の発見につながることがある）。

❖ 標本はその種が存在した証拠

　未来永劫にわたって分類学的研究が行われていくのであれば，半永久的に適切に保管することができる博物館などの研究機関で標本を管理すべきである。実際，規約にも勧告として「著者は……学術標本コレクションを維持管理し，

それらを保管しかつそれらを研究用に利用可能にする設備を有する研究機関にタイプ標本を供託すべきである」と記されている．また，研究機関に対しても，担名タイプを「安全に保管するために必要なあらゆる手段をとるべきである」と述べられている．

確かに，担名タイプは種の学名の基準となるため，とくにしっかりとした管理が必要とされる．しかし，担名タイプではないパラタイプやパラレクトタイプはもちろん，タイプではない標本もきちんとした管理が強く望まれる．学術標本が研究結果の再現性の担い手となることが大きな理由であるが，たとえば，ある種類が分布していた地域からすでにいなくなってしまった場合でも，その地域から採集された標本が残されていれば，間違いなくそこに生息していたことを示す証拠となる．同様に，すでに絶滅した生物であっても，標本が残されていれば，かつてはその種が確かに地球上に生息していたことは示すことができる．標本の持つ価値はさまざまなのである．

❖ 標本の貸し出し

分類学の論文では，観察した標本の登録番号を明記する．たとえば，北大総合博物館に収蔵される魚類標本は HUMZ の略号で表され，HUMZ 123456 のように数字がその後に続く．このように，研究機関ごとに登録番号が割り振られており，登録番号がわかれば，標本台帳やデータベースを検索することで種名はもちろんのこと，付随する採集データなどを調べることができるのである．データベースが整備されていれば，いろいろなデータから標本を検索することができ，非常に効率的である．

したがって，ある論文で使用された標本の所蔵機関と登録番号がわかれば，その機関で標本管理を行っているキュレーターやコレクションマネージャーに連絡して種名と登録番号を伝え，当該の標本を貸してもらうことができる．ただし，日本のように郵便や宅配便が相手にまず間違いなく届く国ばかりではない．国や地域によっては，発送後に紛失してしまうことも時々ある．かつて，ある海外の研究機関から標本を送ってもらったが，いつまで待っても届かないことがあった．先方にも戻っていなかったので，途中で紛失したものと思わ

れる。

　このような配送中のトラブルがあるため，担名タイプの貸し出しを行わない研究機関も少なくない。また，標本が非常に大きいために借用できないこともある。そのような場合は，自ら当該研究機関に赴き，そこで標本を観察させてもらうしかないのである。

標本があって研究が進んだ例——ナメラオニゴチの場合

　標本がきちんと保管されていたおかげで研究が進展していった例を紹介する。

　私が大学院生だった頃，コチ科魚類の分類はまだかなり混乱しており，実態がよくわかっていない種も多く残されていた。私の研究テーマは「はじめに」で述べたとおり，「コチ科魚類と近縁群の系統分類学的研究」で，骨格系と筋肉系の比較解剖を行い，系統解析のためのデータを蓄積していた。種分類は直接の研究テーマではなかったのだが，比較解剖を行うためには解剖する個体の正確な種分類が必要である。しかし，なかには新種として公表されて以来，ほとんど，あるいはまったく報告がなく，解剖したくても，種的特徴が十分にわからないので私を含めて誰も分類できず，入手したくてもできない種もいたのである。

　そんな種のひとつに，第3章で紹介した *Onigocia grandisquama*（ナメラオニゴチ）がいた。本種はセイシェルのアミラント諸島から採集された1個体に基づき，チャールズ・レーガン（Charles T. Regan）によって1908年に公表された種である。公表当時は *Platycephalus*（コチ属）に含められていたが，側線鱗が30枚で，眼の下の隆起線が鋸歯状であることが原記載に書かれており，アネサゴチ属（*Onigocia*）に含まれることがわかる。

　この原記載は14行にわたっていろいろな特徴が書かれているが，多くのコチ科魚類に共通する特徴もかなり含まれており，これだけではアネサゴチ属魚類を正確には分類できない（図4.1）。眼上の皮弁（皮膚性の突出物）の有無，虹彩皮膜の形，眼の下の隆起線の欠刻（切れ込み）の有無などの，当時はまだ

分類形質として認識されていなかった重要な特徴が含まれていないのである。

また，原記載がこのような状況なので，ここから本種を正しく同定することは不可能だったためか，原記載以降の報告例が当時は皆無だった。

> REGAN—MARINE FISHES. 239
>
> 127. *Platycephalus grandisquamis*, sp. n.
>
> Depth of body 5½ in the length, length of head 2½. Snout a little shorter than eye, the diameter of which is 3 in the length of head and 4 times the interorbital width. Maxillary extending to below anterior ⅓ of eye; vomerine teeth in 2 separate patches. Head with several spines; 2 on the snout, 1 or 2 in front of each orbit; supraorbital ridges serrated except anteriorly; behind them on each side a more or less regular transverse series of 3 or 4 spines, which are followed by a larger spine on each parietal, with a small one behind it; a serrated ridge behind the middle of each orbit; a series of 3 post-temporal spines; suborbital ridge serrated throughout, ending in a præopercular spine of moderate length, below which are two others. Two opercular spines and one on the clavicle. 4 gill-rakers on the lower part of the anterior arch. 30 scales in a longitudinal series; only the anterior 3 or 4 scales of the lateral line spinate. Dorsal IX, I 10. Anal 11. Ventrals extending to the fourth anal ray. Caudal subtruncate. Brownish, with dusky bars or marblings; pectoral blackish posteriorly in its lower half; ventral with 2 blackish cross-bars, one near its tip.
>
> Seychelles Group, Amirante, 30 fathoms.
>
> A single specimen, 73 mm. in total length.
>
> The three preceding species are allied to the Japanese *P. spinosus*, Schleg., and *P. macrolepis*, Blkr., and differ from others of the genus in the large size of the scales.

図4.1　*Onigocia grandisquama*の原記載（Regan, 1908）

コチ科魚類の虹彩皮膜

多くのコチ科魚類は，瞳の上縁に虹彩皮膜（iris lappet）と呼ばれる膜状の突出物を持っている（図1）。種や属でほぼ決まった形をしており，コチ科魚類の分類形質として有効な場合がある。たとえば，トカゲゴチ（図1右下）やエンマゴチ（図2）などではよく発達し，多数に分枝している。しかし，瞳が覆われてしまい，視界は悪いはずである。なぜ，ものを見るのに都合の悪い虹彩皮膜が発達しているのだろうか。

◆ 第 4 章 ◆ 標本が分類学を支えている　65

図1　コチ科魚類6種の虹彩皮膜

図2　エンマゴチの水中写真（提供：Janet Eyre氏）
　　　瞳のほとんどが虹彩皮膜に覆われている。視界は悪いに違いない。

コチ科魚類は通常は腹ばいの状態で海底に潜んでいる。ほとんどの種では鰾を持たず、泳ぎは得意でない。そのため、餌を捕まえるには、追いかけまわすのではなく待ち伏せをする。一方、魚類には体に眼状斑と呼ばれる目玉模様を持った種が多く知られている。これは敵を威嚇したり、本物の眼と錯覚させたりする効果があるといわれている。つまり、眼は非常に気になる器官なのである。待ち伏せをする者にとって、自分がいることを相手に悟られては意味がない。そこでコチ科魚類は、瞳に虹彩皮膜というカムフラージュをかぶせ、目立つ眼を隠して自分がいることをごまかし、餌生物を油断させているのではないだろうか。

　発達の程度や形は違うものの、コチ科魚類の他にも、アンコウやサツマカサゴなどの待ち伏せ型の魚類も虹彩皮膜を持っているため、私の「仮説」は決して的外れではないと自負している。

❖ ロンドン自然史博物館のホロタイプ

　原記載が不十分な場合、その種の特徴を理解するには、原記載に使われた標本、つまり担名タイプを観察するしかない。この種は1個体、つまりホロタイプに基づいて公表されている。幸いこのホロタイプはロンドン自然史博物館（図4.2）に保管されており、お願いしたところ借用させてもらうことができた（図4.3）。

　観察の結果、本種は1枚の眼上皮弁を持ち、虹彩皮膜は短くて分枝し（65ページのコラム「コチ科魚類の虹彩皮膜」図1左下のアネサゴチと同じタイプ）、眼の下の隆起線に欠刻がないことなどが初めて明らかになった。さらに、原記載に書かれている鰭条数などの計数形

図4.2　ロンドン自然史博物館（展示施設外観）

質もおおむね正しいことがわかり（古い時代の記載では数え間違いが散見されるので，絶対に研究者自身が確認する必要がある），最終的に，本種はアネサゴチ属の有効種であることや，どのような特徴で定義できるかが確認できたのである。

図4.3 *Onigocia grandisquama*のホロタイプ（ロンドン自然史博物館所蔵標本）

❖ 新標準和名を提唱

　ホロタイプの観察によって *O. grandisquama* の特徴が理解できたおかげで，本種はいろいろな海域から採集されていたことがわかってきた。現在では，アミラント諸島（セーシェル），モーリシャス，ソマリア，アラビア海，ノースウェストシェルフ（オーストラリア），チモール海，サペ海峡とパンジャン島（インドネシア），セラム海，サンゴ海，チェスターフィールド島，タイランド湾を含むインド・西太平洋の広い範囲から知られるに至っている。アラビア海以外は私が関わった研究で明らかになった分布である。また，ごく最近，徳島県から採集された標本があり，日本にも分布することが判明し，本種に対して新標準和名「ナメラオニゴチ」を提唱したのである（今村・篠原，2019）。

　現在までに50個体以上のナメラオニゴチの標本を同定し，それらのデータを持つに至っている。そのため，いろいろな特徴で幅広い変異を持つこともわ

かり，どのような種であるかがかなり明確に理解できるようになった。

このように，たった1個体のホロタイプが観察できたおかげで，当時は実態がわからなかった種のいろいろな問題が解決でき，研究が進展していったのである。

標本がなくて苦労した例——フサクチゴチの場合

次に標本がなくて問題解決まで苦労した例を紹介する。

コチ科のなかに，インド・西太平洋の広範囲の熱帯・亜熱帯域に生息する *Sunagocia otaitensis* という種がいる。日本にも分布しており，フサクチゴチの標準和名がある。まだ大学院生だったときに，ある他大学の先生からコチ科魚類の標本を送っていただいたことがあった。そのなかに本種の三宅島産の標本が含まれており（図4.4），この標本に基づいてこの和名を提唱したのである（Imamura et al., 1996）。

図4.4 三宅島産のフサクチゴチ（国立科学博物館所蔵標本）。本種の日本初記録となった標本である。

❖ 種同定の目星はついたが……

この種は上下の唇に皮膚から伸びた小突起を持っており（図4.5），この特徴はコチ科のなかでは本種のみに見られる特殊な形質である。当時はこの特徴について明確に述べた著作物は多くなかったが，それでもいくつかの文献にはそのことが書かれており（当時は帰属が異なり，*Thysanophrys otaitensis* とされ

ていた。以下，基本的にこの学名で話を進めていく），比較的簡単に種同定の目星をつけることができた。また，この個体は体が暗褐色で，各鰭に小褐色斑を多数持っていることも特徴的であった。

これはあくまで目星であって，本当の意味での種同定ではない。正確に表現すると，「ある著作物で *T. otaitensis* とされている種に一致する」となる。この文献の *T. otaitensis* には一致するが，この種が本当に *T. otaitensis* である保証はない。もしこの著者の見解が間違っていたら，私も間違えることになる。そのため，正しく種を同定するには，担名タイプと照合しなければならない。分類学以外を研究している人ならそこまではしないだろうし，その必要もないだろう。しかし，分類学者（私の場合，当時は大学院生なので分類学者の卵）は種に適用すべき名前を研究しているので，とくに自分が専門とする分類群の種名については他人の考えにそのまま従うわけにはいかない。

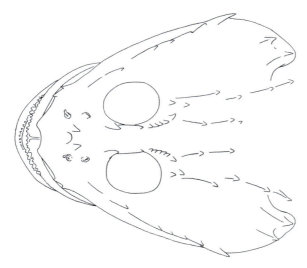

図4.5
フサクチゴチの頭部背面図。
上下の唇に皮膚から伸びた
小突起が並ぶ。

❖ 担名タイプが存在しない！？

そこで，次にするのは *T. otaitensis* の担名タイプの観察である。しかし，本種の担名タイプは存在しない。実は図をもとに公表されたのである。現在はこのようなことをしても適格名にはならないが，1931年より前であるなら，図

と学名を示したり，過去に別の著作物で示された図をもとに記載しても適格名となるのである。

本種は 1829 年にフランスの博物学者ジョルジュ・キュヴィエ（Georges Cuvier）によって『魚類史（Histoire Naturelle des Poissons）』の第 4 巻に記載されたが，実はキュヴィエは新種として公表する意図はなかった。第 1 章で紹介した *Platycephalus fuscus* を新種として公表するなかで，「Parkinson がタヒチで描き，*Cottus otaitensis*[*1] と名付けた種にはこれこれの色彩に関する特徴があり，これは *P. fuscus* とは異なる」とし，*T. otaitensis* を *P. fuscus* との比較に用いたのである。

❖ 博物画家パーキンソンの図

この文中に出てくる Parkinson とはシドニー・パーキンソン（Sydney Parkinson）のことで，ジェームズ・クック船長（James Cook）のエンデバー号（Endeavour）による航海（1768〜1771 年）に同乗した博物画家である。彼はエンデバー号がタヒチに立ち寄った際に，未完成ながらも *Cottus otaitensis* の図を描いている（図 4.6）。

キュヴィエの意図はともかく，彼が *T. otaitensis* の特徴を記載したことにな

図4.6 パーキンソンがタヒチで描いたコチ科魚類の未完成の図（ロンドン自然史博物館所蔵資料）。フサクチゴチとスナゴチはよく似ており，この図からではどちらを描いたか判断できない。

[*1] これが本種のもともとの学名。もともとの学名を規約では「原綴り（original spelling）」という。種小名は古い時代のタヒチの呼称である Otaite（Otaheite）に因む。

る。一方，キュヴィエはこの学名はパーキンソンが命名したと述べている。名付け親がパーキンソンならば，彼がこの学名を公表したことになるのでは，と思う人がいるかもしれない。しかし，仮にパーキンソンが名付けたとしても[*2]，記載を行ったのはキュヴィエである。規約に照らすと，このような場合，命名と記載の両方を行わなければパーキンソンは命名者にはなれず，記載を行ったキュビエが本種を公表したことになるのである。また，この場合，作図に使われた標本がホロタイプとなるのだが，現存しない。おそらく作図の後に廃棄されてしまったのだろう。

　パーキンソンの T. otaitensis の図は未完成であるが，頭部に棘があり，体は濃褐色で，各鰭にも濃褐色斑が散在していることがわかる。全体的な印象も T. otaitensis と呼ばれていた種に非常によく似ている。しかし，もう1種類，これらの特徴を持つ種が知られている。Sunagocia arenicola（スナゴチ）という種で（図4.7），体は茶〜薄茶で，各鰭に多数の斑紋がある点で酷似している。しかし，唇に小突起を持たないので，この特徴さえ観察すれば両種の識別は非常に簡単である。パーキンソンの図にはこの小突起は描かれていないが，作図に使った標本が小突起を持っていなかったから描かなかったのか，小突起はあったがまだ描いていなかったのかはわからない。そのため，この図からはどちらの種が描かれているかを判断できないのである。

図 4.7　スナゴチ（西オーストラリア博物館所蔵標本）

[*2] パーキンソンは画家なので，名付け親はパーキンソンでも，もちろんキュヴィエでもなく，別の第三者であると私は考えている。

八方ふさがりの状態だったが，この図がタヒチで描かれているという事実が解決の糸口となった。*T. otaitensis* と呼ばれていた種は分布が広く，西部インド洋から東はツアモツ諸島まで知られていた。タヒチはこのツアモツ諸島に位置する島である。一方のスナゴチも分布は広いが，東方の分布はフィジーまでで，ツアモツ諸島には及ばない。したがって，両種の分布情報から考えると，パーキンソンが描いた標本は，唇に小突起を持つ種であり，本種に *T. otaitensis* の学名を適用するのが妥当であると結論した。

このように，分布に関する知見も動員し，なんとか結論を得ることができたのだが，実は一抹の不安もある。もし今後，タヒチで詳細な魚類相調査が行われ，スナゴチが分布することが明らかになれば，またあらためてフサクチゴチに適用すべき学名を検討しなければならない[*3]。ホロタイプが現存しないために，一応の解決を見るまで苦労した例である（そして一抹の不安を残して……）。

❖ ナップ博士から得た教訓

ところで，これほど面倒な分類学的な問題があったにもかかわらず，どうして唇に小突起を持つ種に *T. otaitensis* の学名を正しく用いた著作物があったのだろうか。実は当時，私と同じくコチ科魚類を専門とするレスリー・ナップ博士（Leslie W. Knapp）という分類学者がおり，彼がこの学名を使ったのである。ナップ博士はスミソニアン博物館の研究者だったが，2017 年 5 月 17 日に逝去された。そのため，コチ科魚類の分類を専門に研究するのは世界に私だけとなった。

おそらく彼も私と同じ結論に達したものと思われる。しかし，彼が *T. otaitensis* を紹介した著作物は図鑑だったためだろう，詳しい分類学的な解説は掲載されなかったのである。そのため，「唇に小突起を持つ種＝ *T. otaitensis*」

[*3] ここまで読み進めてくださり，分類学の知識が身についた読者の方は，次にとるべき解決策がおわかりになるかもしれない。それは，フサクチゴチの 1 個体を *Cottus otaitensis* のネオタイプに指定することである。これ以外にできることはなく，しかしこうすることで，種と学名の関係をもとの鞘に収めることができる。たった一つの，しかし最善の策である。

という情報は伝わったが，肝心の分類学的背景が抜け落ちてしまい，もう一度私が調査することになったのである。

こんな経験もあり，知り得た新知見は，たとえ小さなものであっても，できる限り公表するように心がけている（公表を心がけている理由は他にもあるが，これは第5章と第6章でお話しする）。

魚類標本のつくりかた

学術標本の重要性をご理解いただけたところで，一般的な魚類標本の作成方法を簡単に説明しておきたい。魚を採集し，学術標本として収蔵庫に配架するまでにはたくさんのプロセスがある。

❖ まずは魚を手に入れよう

魚の入手方法はさまざまである。最も簡単なのは近所のスーパーマーケットや鮮魚店で購入することだろう。日本の場合，流通網が発達していたり，活魚として運ばれてくることもあるので，正確な産地がわからないこともあるかもしれない。これまで東南アジアの国々で市場を回って標本を採集

図4.8　ベトナム・ニャチャン市の魚市場の風景。カサゴなどの近海の沿岸魚が並べられている。

したことがあるが，小さな町の魚市場だと基本的にその日に近海で漁獲された魚が並べられている（図4.8）。

他にも，釣りやタモ網で採集するといった方法も個人レベルで実施できる。この場合は採集データを確実に残せる。釣りは最も手軽な手段の一つである。

一度にたくさんの魚を採集することは難しいが，魚体を痛めることが少ない。陸上や船上から釣る以外にも，スキューバで潜水しながら採る方法もある。河川やタイドプールなどの浅海域ではタモ網を使うのもよいだろう。

個人では難しいが，刺網（さしあみ），地曳網（じびきあみ），ドレッジ，オッタートロールなどの漁具による採集も効果的である。刺網は細長い帯状の網で，網地が一重だけのものや，二重にした二枚網，三重にした三枚網がある。魚が遊泳通過する場所をさえぎるように網を張り，網目に絡ませたりして捕獲する。表層に仕掛けて遊泳性の魚類を採集したり，底刺網（そこさしあみ）では底生魚も採集できる。魚が網に絡まるので，網からはずす際に魚体を傷つけやすい。

地曳網は，船で沖合に網を下ろして大人数で網を引く大規模なものもあるが，長さ10メートル程度の網で人の腰くらいの水深帯から採集しても多くの魚が捕獲できる（図4.9）。この場合は網の面積が小さいため，大型の遊泳性魚類の採集には向いていないが，遊泳性が低い魚類が集まる藻場などでは効果が

図4.9 北海道大学水産学部生の臨海実習での地曳網を使った魚類採集風景

図 4.10 北海道大学水産学部附属練習船「おしょろ丸」によるオッタートロールの操業風景
（写真提供：山本潤博士）

ある。

　ドレッジとは小型の底曳網の一種で，網口(あみくち)に金属の枠が取り付けられている。ドレッジを使うには船が必要となる。大きさはさまざまだが，サイズによってはウインチを使わず人の力で扱うこともできる。うまくいくと，一度に多数の魚が採集できるが，底曳きのため遊泳性魚類の採集にはあまり向いていない。

　オッタートロールは，オッターボードと呼ばれる，水圧を利用して網口を開かせるための拡網板を備えた大型の底曳網である（図 4.10）。一度に非常に多くの魚を採集することができ，最も効果的な方法の一つである。砂泥底に着底させて網を曳くので，主な漁獲対象は底生性魚類だが，揚網時に中層性・表層性の魚類も捕獲できる。

❖ すぐに処理できないときは冷凍保存

　魚を採集し，すぐに標本処理を行うことができればよいが，場合によっては処理までにしばらく時間がかかってしまう場合がある。乗船調査では日中は調査で忙しく，標本処理の時間が確保できないこともある。その場合は冷凍して持ち帰ることになる。

　冷凍するときはビニール袋に魚と水と採集データを書いた耐水紙（データがないと標本の価値は激減する）を入れ，水ごと凍らせるとよい（海産魚の場合は海水がよい）。長期間冷凍すると，魚だけでは「冷凍焼け」を起こし，鰭膜が固くなり，鰭を広げることができなくなってしまうし，柔軟性が損なわれて，鰭が折れやすくなるからである。ただし，水ごと凍らせても冷凍焼けを完全に止めることはできないため，冷凍後はできるだけ早めに解凍・標本処理することをお勧めする。

❖ よく洗って，登録

　採集した標本はよく洗浄し，ぬめりを落としておく。口のなかにもぬめりが入り込んでいる場合があり，そのままにしておくと歯の間に入ったぬめりがとれにくくなり，歯の観察が困難になる。種類や標本の状態によっては洗浄中に鱗が脱落したり，鰭膜を破いてしまうことがあるので，ていねいに取り扱う。

　洗浄が終わったら，標本として登録を行う（洗浄前に登録すると，標本と標本番号を対応させるのが非常に面倒で効率が悪い）。国内外を問わず，多くの研究機関は「ロット方式」と呼ばれる登録方法を採用している。この方式では，同じ時・場所で採集された同じ種類に対して一つの標本番号を与える。そして，複数個体を一つのロットとして同じ標本瓶に入れて管理することになる。標本瓶には標本番号や採集データを印字した耐水紙も入れておく。

　大型個体の場合は，同じ場所で採集された同じ種類であっても，それぞれに標本番号を与え，個別に管理するほうが効率的である。1個体に一つの番号を与える場合は，標本番号を記入した布（タグという）を糸などで魚体に結わえる。ただし，魚体にタグがぶら下がっている写真はあまり格好のいいものではないので，タグを結わえるのは写真撮影の後，ホルマリン固定の前がよい。タ

図4.11 北大のタグを結わえた固定前の標本。基本的に口から左側の鰓孔に糸を通してタグを結わえるが，左上のカワハギ類は口が細くて糸が通らないので，臀鰭の基底部に直接結わえている。北大では，赤色のタグは写真を撮影した個体を表している。

グは口から左側の鰓孔に糸を通して結ぶが，口の形態が特殊で難しい場合は，尾柄部などの体に直接針を刺して結わえたりする（図4.11）。

タグの布には，ほつれにくいキャラコ布が適している。これにナンバリングマシンを使って番号を打っていく（図4.12）。

図4.12 ナンバリングマシンを使ったタグの作成風景

インクはナンバリング用のメタルインキを使用する。番号だけでなく，北大の場合は HUMZ の略号も同時に打ちつける。インクが乾いたらコロジオンという薬品を塗る。コロジオンが乾くと布地が硬くなり，楽にはさみで切れるようになる。タグはロール状に巻いて保管し，必要に応じて切り離して使用する。

　標本に登録番号を与えたら，標本台帳に速やかに採集場所，採集日，水深，採集者，採集した調査船などのデータを記入する（図 4.13）。これらのデータは変更されることはないので，ボールペンなど消えない筆記具で記入する。和名と学名は同定してから書き込むが（これらは誤同定などにより変更される可能性があるので，鉛筆など消すことができる筆記具で記入する），すぐに同定できない場合はカサゴ類，コチ類などの暫定的な名称を一時的に書き込むこともある。その他にも写真や遺伝子サンプルの有無，標本が保管されているボトルの番号，他の特記事項なども台帳に記入する。

　これらの標本情報をデータベースに登録すると，さまざまなデータから検索可能となり，標本の管理には非常に便利である。北大では標本台帳とデータベ

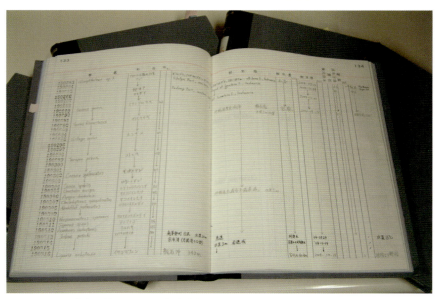

図4.13　北大で使用している標本台帳。このデータはデータベースにも反映される。

ースの両方を使って標本を管理している。

❖ 遺伝子解析用サンプル

　必要に応じて遺伝子解析用のサンプルも採取する。近年では遺伝子を使った系統解析も積極的に行われているため，このようなサンプルはたいへん貴重であり，標本に付加価値を与えることができる。

　北大では 5 ミリ角程度の肉片を採取することが多いが，左右に 1 つずつある胸鰭や腹鰭の片方をサンプルにしてもよい。いずれの場合でも，魚類分類学では標本の左側を観察するのが一般的なので，体の右側からサンプルをとる。採取したサンプルは小型のスクリュー瓶（瓶はガラス製で，パッキンの付いたプラスチック製のねじ式のフタがある容器）に無水エタノールを入れて保管する。北大では遺伝子解析用サンプルは低温の保管庫で管理している。

❖ 写真撮影のテクニック

　魚類標本をホルマリン固定したりアルコールで保存すると，色彩はどんどん失われていく。色彩は重要な種の特徴となるので，色彩データを保存するためにカラー写真を撮影する。

　しかし，そのまま魚体を撮影すると，各鰭は通常たたまれているので，鰭の色彩が記録できない。そのため，撮影する前に鰭を広げるひと手間をかける（魚類分類学者はこれを「鰭立て」と呼んでいる）。

　まず，魚を発泡スチロール製の板の上に置き，頭の前部の上下，尾柄部の上下などに太めのピンを打ち，魚体を固定する。各鰭に適切な間隔で虫ピンを打ち，鰭を広げる（図 4.14）。虫ピンにはいろいろなサイズ・太さがあるので，適切なものを使用する。

　鰭膜や鰭の基部に 100％ ホルマリンを筆で塗り，鰭が固定されるまでそのまま待つ。ホルマリンには防腐作用の他，生物の細胞を固くする固定作用がある。気温や標本のサイズにもよるが，だいたい 5〜15 分程度で鰭が固定される。この間，魚が乾燥しないよう，キッチンペーパーのような吸水性のよい紙で魚体を覆い，霧吹きで水をかけてやる。

図4.14 魚類標本の鰭立て風景

　大型個体やコチ類のように体幅があると，筆でホルマリンを塗っただけでは固定が不十分になるときがある。その場合は細長くよったティッシュペーパーなどを鰭の基部に置き，そこにホルマリンを塗ってやると，ホルマリンが流れ落ちずに長時間とどまり，十分な固定効果が得られる。

　写真撮影をしない場合でも，鰭を広げておくと鰭条の計数や鰭の色彩の観察が行いやすくなる。図鑑の写真は鰭が広がっており，色彩や形がわかりやすく掲載されているが，このような手間をかけて撮影されているのである。

❖ ホルマリンで固定

　遺伝子サンプル採取と写真撮影が終わったら，次はホルマリンで魚を固定する。ホルマリンは 10％ に希釈したものを用いる。内臓はとくに腐敗しやすい

ため，ホルマリンに浸す前に腹部（右側）を切開し，ホルマリンの浸透を早めてやる。

　プラスチック製の衣装ケースやコンテナなどを固定槽として利用し，そのなかにホルマリンを入れてから，泳がせるように魚を入れてやる。多くの魚を入れた後にホルマリンを入れると，魚同士が密着してホルマリンが浸透せず，うまく固定できないことがある。

　体が柔らかい種類の場合は，事前にホルマリン原液を筆で塗っておくと，固定槽のなかで魚体が曲がらず，まっすぐに固定できる。標本サイズにもよるが，おおむね1週間から10日程度で固定は完了する。

❖ アルコールに置換

　ホルマリンでも標本の保存は可能だが，長期にわたると骨がもろくなり（脱灰という），レントゲン写真（脊椎骨数などを数えるため，レントゲン写真を撮影することも魚類分類学ではごく一般的である。第5章の図5.1をご覧いただきたい）に写らなくなる。また，ホルマリンは劇物（劇薬と同程度の毒性を持つ医薬品以外の物質のこと）に指定されているほど毒性の強い物質であるため，ホルマリン液浸標本をそのまま観察することができない。

　そこで，魚の固定が終わったら，できるだけ早い段階で流水に一昼夜浸してホルマリン抜きを行い，アルコールに置換してやる。アルコールは70％エチルアルコールか，50％イソプロピルアルコールを使用するが，エチルアルコールのほうが標本にとってはより好ましく，世界の多くの博物館がこちらを使用している。

❖ 収蔵施設に配架・保管

　アルコールに置換したら，標本のサイズにあわせて，1リットル，2リットル，20リットルなどの標本瓶に入れ，博物館などの収蔵施設に配架・保管する。

　北大水産学部がある函館キャンパスには総合博物館の分館である水産科学館があり，約24万点の魚類標本が管理・保管されている（図4.15）。標本は北海道を中心とする日本はもちろん，世界各地から採集されており，北大の教員と

学生の研究や教育の他，世界中の魚類分類学者に利用されている。これらの標本を用いて，これまでに 200 種以上の新種が発表されている。

図4.15
北大総合博物館分館水産科学館
上：生物標本館の外観
右：収蔵される魚類標本（写真提供：田城文人博士）

第5章 研究の進めかた 〜論文投稿までの道のり〜

第1章から第4章のそれぞれで，分類学とはどのような学問領域であるか，魚類とはどのような分類群なのか，学名はどのようにつけるのか，分類学にとっての学術標本とはどのようなものなのかについて述べてきた。魚類分類学のバックグラウンドはかなりご理解いただけたのではないかと思う。その上で，次は魚類の分類学的研究は実際にどのように行われているのか説明したい。

標本の観察——面倒だけどとても重要

まず，学術標本を観察して，形態データを収集する。観察項目は，大きく計測形質，計数形質，その他の形態形質に分けられる。

主な計測形質には，全長，標準体長，頭長，体高，吻長，上顎長，下顎長，眼径，眼窩径，各鰭の長さ，背鰭・臀鰭基底長，鰭条の長さなどがある。計測形質はノギスなどを使って測定する。目盛りを自分で読み取る従来のアナログ式のノギスでは読み誤りが起こる可能性があるが，測定値を自動で表示してくれるデジタル式だと誤りは起こりにくく，また読み取りも速いので，

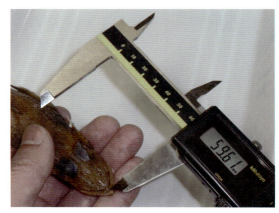

図5.1 デジタルノギスによる測定風景。小数点第2位まで表示されているが，通常は四捨五入して小数点第1位までを測定値とする。

こちらがお勧めである。ただし、アルコールで濡れるとエラーを起こし、しばらく使い物にならなくなることもあるので、予備があったほうがよい。私は他の研究機関で標本を観察させてもらうときは、デジタル式の他に、予備としてアナログ式も持っていくようにしている。

　計数形質には各鰭の鰭条数，側線鱗数，鰓耙（呼吸を行っている鰓弁を支える骨格要素の鰓弓の前縁にある骨質の突起物のこと。種・グループによって数に変異があり、分類形質となる場合がある）数，脊椎骨数などがある。脊椎骨数はレントゲン写真を撮影し、そこから数える。ヒラメ・カレイ類の場合は背鰭・臀鰭鰭条数もレントゲン写真を使うと非常に数えやすい。

　他の観察部位としては上顎や下顎などにある歯（大きさ，形，数などが観察対象），頭部などにある棘（こちらも大きさ，形，数など），鱗（大きさ，形，鱗で覆われる範囲），色彩（アルコール液浸標本の色彩はもちろん，カラー写

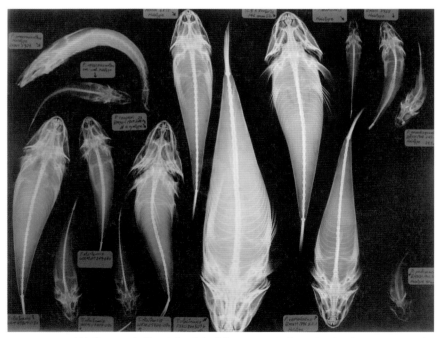

図5.2　コチ科魚類のレントゲン写真。魚類分類ではレントゲン写真を撮影する。フィルムを使わずにデジタル画像をコンピュータで読み込む装置も普及している。

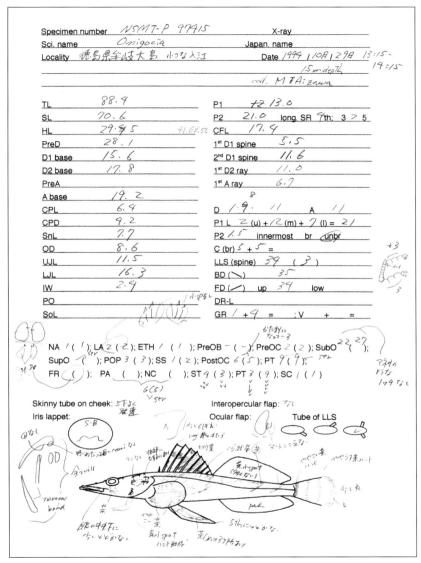

図5.3 私が使っているコチ科魚類用のデータシートの一例(日本初記録のナメラオニゴチの標本のデータが記入されている)。魚体図を含め、模様などを図示することでデータ取りの時間短縮を図っている。必要に応じて写真も撮影するが、細かな特徴が写らないこともあるため、あくまで補助データとしている。時間短縮のため、「暗号」のような表現も使っている。

が保存されていればそこから生鮮時の色彩も確認する）などがある。他にも分類群に特有な器官（ヒゲ，皮弁（ひべん），突起物など）があればそれも観察対象となる。これらのデータをひとつずつデータシートに記入していく。

　私の場合，1個体のコチ科魚類を観察するのに，平均で40分ほどかかる。計測形質や計数形質などは数値を書き込めばよいが，形に関しては文字で表現するより図示したほうが時間もかからず，情報が伝わりやすい。歯の配列，頭部棘の位置などは図と文字を併用するようにしている。計測・計数形質や一部の頭部棘数は表計算ソフトを使ってコンピュータ入力し，種ごとにまとめておく。こうしておくと，後で種間の比較をするときにたいへん便利である。

データ解析──これぞ研究の醍醐味

　意外に思われるかもしれないが，正直な気持ちをいうと，計測や計数そのものはそれほど面白いとは思っていない。魚の形態を観察することは好きなのだが，測る・数えるという作業は非常に単調で，面倒に感じることもある。個々のデータはそれだけではただの数値である。しかし，解析する段階になると，データの持つ意味が明確になり，俄然，面白くなってくる。とくに計測形質の場合，複数個体の計測値をそのまま直接比較しても違いがわかりにくく，あまり意味がないのだが，グラフにして比較すると，これまで誰も気がつかなかった違いが見えてくる場合がある（改めて12ページの図1.3をご覧ください）。

　データ収集自体は単調で面倒な作業だが，データの比較はこの上なく楽しく，そしてワクワクするひとときとなる。また，大量に集めた単一種のデータ解析も非常に面白い。これまで知られていなかった成長変異が見つかることがあるからである。データ解析は新知見発見の場であり，研究の醍醐味のひとつである。だからこそ，データ収集をがんばることができるのである。

論文に必要なデータをそろえる──事前の準備は周到に

　新知見が得られたら，公表することを考える。新知見を個人的に抱えていて

も研究は進展しない。公表することで当該分類群の知見が増え，それが次の新知見の土台となっていくのである。私は国立大学の教員なので，国民のみなさんの税金から給料をいただいている。研究成果を公にするのは義務である。ある北大の先生は「研究者の仕事は研究ではなく，論文を書くことだ」とおっしゃっていた。楽しみながら研究をやってはいるが，個人的な楽しみのために仕事をしているわけではない。税金泥棒にはなりたくないと常々思っている。

新知見が得られたからといって，すぐに論文が書けるとは限らない。たとえば新種の場合，もし観察できた個体数がごく少数なら，より多くの標本を観察できるように努力する。近似種と形態形質が異なる標本が 1 個体しかいない場合は奇形の可能性も疑われる。その違いが奇形ではなく，種的差異であることを説明するためには，より多くの個体のデータが提示したほうがより説得力が増す。また，比較対象種のデータが少ない場合は，こちらもさらに観察個体を増やす。とくに，担名タイプのデータはぜひとも含めておきたいところである。このように，論文を書くためにはどのようなデータが必要なのかをよく考

図5.4 *Cocotropus roseomaculatus*（南アフリカ水圏生物多様性研究所所蔵標本）。この研究所に別の既知種の標本借用をお願いしたところ，この標本が送られてきた。南アフリカ共和国のクワズルナタルから採集された標本で，よく観察してみると観察したかった種とはまったくの別種で，驚いたことに新種であった。*Cocotropus*（マスダオコゼ属）は希少種が多いことに加え，本種の入手には上述の経緯があったため，2 個体目の入手は難しいと判断し，この個体（ホロタイプ）のみに基づいて，新種として公表した（Imamura and Shinohara, 2004）。これまで追加標本の報告はなく，かなりの希少種であると思われる。

え，不足しているのならそれを補強するのである。

　新種と思われる標本が 1 個体しかなく，それが特殊な方法で採集されていたり，滅多に調査が行われないような場所・水深で採集されていれば，追加の標本を得ることは難しい。その場合は，やむをえず 1 個体のデータで新種の論文を書くことになる。もしかしたら新種ではなく，既知種の奇形や種内変異かもしれないが，それでも論文として公表しなければこの情報は埋もれてしまう。新種発表した後で，誰かがそれを否定し，奇形あるいは種内変異と判断しても，そのような変異個体が存在することが新知見として理解されることになる。それも研究の進展なのである。また，新種であることが妥当であった場合は，公表によって誰かが注目することで，新たな標本が採集される可能性もある。

いよいよ執筆

　必要なデータがそろったら執筆を開始する。新種の論文は英語で書くのが一般的である。ある種の日本初記録のような論文だと，関心がある読者は日本人がほとんどだろうから，日本語で書いても問題はないが（実際に日本初記録種の日本語の論文は多数ある），日本初記録（＝分布の拡大）以外に広く世界に伝えたい新知見があれば，英語で書くべきである。

　とくに海産魚の新種の場合だと，海は世界中でつながっているため，近い将来に近隣諸国から採集される可能性が高い。英語以外の母国語で論文を書くと，他の国の研究者はその論文を読むために苦労を強いられることになる。いまはインターネットでいろいろな言語が簡単に翻訳できるとはいえ，不慣れな言語を解読するためにかける労力は少なければ少ないほどよい。世界中の多くの人に自分の論文を読んでもらいたいなら，論文は英語で書くしかない。

　もちろん，最初からすらすら英語で論文が書けるわけがない。まず日本語で作文し，それを英訳するという進めかたでかまわない。執筆回数が増えるにつれて英語表現の幅も広がり，だんだんと慣れていくものである。大学院生であれば，指導教員の助言を受けながら，徐々に執筆能力を高めていけばよい。要は「習うより慣れろ（Practice makes perfect）」なのである。

日本人が英語を母国語としている人たちと同レベルの英語表現を身につけるのは非常に難しい（私自身もそのようなレベルにはないと自覚している）。とくに冠詞（定冠詞，不定冠詞の両方）はそもそも日本語にはない概念なので，真に理解することはできないのではないかとすら思っている。

　しかし，たとえば外国人の方がたどたどしい日本語で話しかけてきて，文法的な間違いや，その場にはそぐわないような表現があったとしても，言いたいことは問題なく理解できることがある。英語で論文を書くこともそれと同じだと思う。文法的な誤りやへたくそな言い回しがあったとしても，意味が伝わる英語であれば，受け手は理解してくれる。まずはきちんと意味が通じる英語表現を目指すべきだろう。

　後述するが，論文を学術雑誌に投稿する前に英語を母国語とする方に読んでもらい，英文チェックしてもらうのが一般的である。意味がわかる英語で書かれていれば，より適切な表現を提案してくれる。こういう経験を重ねることで英語表現の引き出しを増やしていき，より理解しやすい英語を目指せばよいのではないかと思う。

　英語表現を鍛える方法として，日頃から論文をよく読み，目についた便利な英語表現を控えておくというのも有効だろう。この場合，英語表現の向上だけでなく，研究に関する知見も蓄積できるので（むしろ後者が主目的だが），一石二鳥である。また，外国人の方から送られてくる E メールも参考になる。その他にも，書店にはたくさんの英語学習に関する出版物が並んでいるし，テレビやラジオでも英語講座を放送している。自分にあったやりかたを見つけ，長期的な学習を行えば，確実に英語能力は向上していくことだろう。

　論文を書く場合，できるだけ簡潔に，短くまとめるのが大原則である。わかりやすさから，ここでは日本語の例を挙げるが，「しかしながら」と「しかし」だと意味はまったく同じである。であれば，より短い「しかし」を使う。わずか 3 文字の違いだが，これを 10 回使うと 30 文字，1 行分程度の違いになる。雑誌によっては論文が規定のページ数を超えると超過頁代が請求される。つまり，はみ出した 1 行のために 1 ページ分の料金を払うことになるかもしれないのである。また，学術雑誌にはできるだけ多くの論文が掲載されるべきなの

で，その観点からも，できるだけ短くまとめるのが鉄則なのである。

　前置きが長くなってしまったが，以下に新種の記載論文を例としながら，大まかな論文の構成を説明したい。

❖ タイトル —できるだけ簡潔に

　タイトル（Title）はできるだけ簡潔，かつ論文の内容が端的にわかるようにする。新種の論文ならタイトルにそれほど多くのパターンはないので，慣れないうちは，いろいろな論文を参考にして，どのようなタイプのタイトルにするか決めるといいだろう。よくあるパターンは「A new species of 属の学名 from 採集場所」「学名, a new species of 分類群名 from 採集場所」「Description of a new species of 属の学名 from 採集場所」などである。

　もし可能なら，インパクトのあるタイトルのほうがよい。人目を引き，読んでもらえる可能性が高まるからである。新種であること以外にセールスポイントがあるなら，それを前面に出すのもいい。極端な例かもしれないが，1939年にシーラカンスが新種として公表された論文のタイトルは「A living fish of Mesozoic type」である。Mesozoic の意味は「中生代の」である。他は簡単な単語だし，原文の印象を感じてほしいので，あえて和訳しない。極めて簡潔で，ここには新種の学名や採集場所などは一切でてこないが，最も重要な事実である，中生代に絶滅したと思われていた分類群が生き残っていたことが伝わるタイトルとなっている。さらに，シーラカンスという名前すら入っていないため，どんな分類群が見つかったのか，論文を読んで確かめたいという気持ちになる。みなさんはどう感じただろうか。

❖ 要旨 —論文の内容をまとめる

　要旨（Abstract）には全体の内容を簡潔に示す。文章としては論文のなかでいちばん始めに登場するが，全体の内容が固まらなければ要旨は非常に書きにくい。逆に言えば，論文の他のセクションが完成した後なら，とくに苦労することなく書くことができるので（そうでなければおかしい），要旨の執筆は最後にするのが効率的だろう。もちろん私もそうしている。

❖ イントロダクション ―研究の背景を示す

イントロダクション（Introduction）では研究の背景として，標本が得られた調査の概要，当該種が含まれるグループの特徴，新種と考えられる根拠などを簡潔に紹介する。私の場合，このセクションも論文作成の終盤（要旨執筆の前）に書いているが，論文の構想がきちんとまとまってから書き始めるのであれば，序盤でも執筆できるだろう。

❖ 材料と方法

材料と方法（Material and method）では，標本がどこに保管されているか，研究機関の名称がどのような略号で表されているか，標本の計数・計測方法はどの研究に従ったかなどを明記する。観察した新種の標本の採集データ自体は「材料と方法」に含めず，「記載」の前に，ホロタイプ，パラタイプ，それ以外の標本（ノンタイプ（non-type）とすることが多い）に分けて列記する。新種以外の論文では，「観察標本（Material examined）」の項目を設け（「材料と方法」に含める場合もある），そこで標本データを示すこともある。

❖ 記載 ―種の特徴を列記する

記載（Description）では観察した標本の諸特徴を書いていく。見たままに書いていくだけではあるが，どのように文章として表現するかで悩むこともある。

記載を書く前に，ホロタイプとする標本を決める。一般的な書きかたとして，基本的にはホロタイプとする標本に基づいて記載し，もしパラタイプとすべき標本があって個体変異が確認されれば，ホロタイプとは分けて，括弧書きする。ホロタイプとパラタイプを分けずにまとめて変異を示した場合，もしパラタイプに別種が混じっていたら，その記載は 2 種に基づいて書かれたことになり，種の特徴が正しく伝わらない。

記載の前に標徴（Diagnosis）を示す。標徴とは，当該種を同属他種などから識別することのできる特徴のことである。記載のダイジェスト版と考えるとわかりやすいだろう。

92

Rogadius mcgroutheri, a new species of flathead (Teleostei: ① Platycephalidae) collected from eastern Australia and New Caledonia

Hisashi Imamura✉ ②

The Hokkaido University Museum, Faculty of Fisheries, Hokkaido University, 3-1-1 Minato-cho, Hakodate, Hokkaido 041-8611, Japan

Received: June 13, 2006 / Revised: March 12, 2007 / Accepted: March 23, 2007

③

Ichthyological Research
©The Ichthyological Society of Japan 2007

Ichthyol Res (2007) 54: 303–307
DOI 10.1007/s10228-007-0405-3

Abstract A new platycephalid, *Rogadius mcgroutheri*, is described on the basis of the specimens collected from eastern Australia and New Caledonia. *Rogadius mcgroutheri* is distinguished from other congeners by 11 second dorsal fin rays usually, 4 or 6–8 unbranched lower pectoral fin rays, larger orbital diameter, usually single preocular spine lacking the accessory spines on the anterior base, short antrorse preopercular spine, tooth band on palatine narrow, with 2 irregular tooth rows, body with indistinct or somewhat distinct brown blotches, and caudal fin with dark brown spots and bands.

④

Key words *Rogadius mcgroutheri* sp. nov. · Platycephalidae · Eastern Australia · New Caledonia

⑤

Imamura (1996) redefined the genus *Rogadius* Jordan and Richardson, 1908 using characters such as the dorsal surface of the head with spines and tubercles, suborbital ridge finely serrated, one or more preocular spines, and antrorse preopercular spine present or absent. He recognized the following ten species previously included in *Rogadius* and *Sorsogona* Herre, 1934, and also a member of *Grammoplites* Fowler, 1904 based on the phylogenetic relationships of the Platycephalidae: *Rogadius asper* (Cuvier *in* Cuvier and Valenciennes, 1829) (= type species of *Rogadius*), *Rogadius melanopterus* (Knapp and Wongratana, 1987), *Rogadius nigripinnis* (Regan, 1905), *Rogadius patriciae* Knapp, 1987, *Rogadius portuguesus* (Smith, 1953), *Rogadius prionotus* (Sauvage, 1873), *Rogadius pristiger* (Cuvier *in* Cuvier and Valenciennes, 1829), *Rogadius serratus* (Cuvier *in* Cuvier and Valenciennes, 1829), *Rogadius tuberculatus* (Cuvier *in* Cuvier and Valenciennes, 1829), and *Rogadius welanderi* (Schultz *in* Schultz et al., 1966).

Recently, I examined specimens of *Rogadius* from eastern Australia and New Caledonia. A detailed comparison with other members of *Rogadius* revealed that the specimens from eastern Australia and New Caledonia represented an undescribed species. The new species of *Rogadius* is described here.

Materials and Methods ⑥

Counts and measurements were made according to Hubbs and Lagler (1958) and were routinely taken from the left side whereas gill rakers were counted on the right side (except for a paratype of *R. mcgroutheri* sp. nov. having a parasite in left side gill cavity and gill rakers abnormally damaged). Measurements were made with calipers to the nearest 0.1 mm accuracy. Terminology of head spines follows Knapp et al. (2000). Institutional acronyms are from Leviton et al. (1985). Standard and head lengths are abbreviated as SL and HL, respectively.

Rogadius mcgroutheri sp. nov. ⑦
(New English name: McGrouther's flathead)
(Figs. 1–4)

⑧

Holotype. AMS I.25752-001, 137.4 mm SL, New Caledonia, 20 Aug. 1985, coll. M. Kulbicki.

Paratypes. 18 specimens: AMS I.25752-004, 2 specimens, 100.9–109.2 mm SL, collected with holotype; MNHN 2006-1608, 9 specimens, 93.7–124.0 mm SL, New Caledonia (19°53′ S, 163°47′ E), 34 m depth, 13 Sept. 1985; QM I.35077, 2 specimens, 135.4–144.1 mm SL, Queensland, Australia (18°45.3′ S, 146°57.3′ E), 25 Sept. 2003; QM I.36243, 2 specimens, 102.9–145.6 mm SL, Queensland, Australia (21°31.5′ S, 150°03.3′ E), 28 m depth, 8 May 2004; QM I.36852, 124.4 mm SL, Queensland, Australia (10°51.3′ S, 143°07.5′ E), 16 m depth, 2 Feb. 2005; QM I.37440, 2 specimens, 108.9–126.8 mm SL, Queensland, Australia (17°59.1′ S, 146°28.5′ E), 34 m depth, 29 Apr. 2004.

Non-types. 6 specimens: AMS I.24489-002, 106.8 mm SL, east of North Reef, 4 miles, Queensland, Australia (23°09′ S, 151°58′ E), 14 Dec. 1977, coll. W. Ponder et al.; MNHN 2003-1861, 3 specimens, 73.8–91.5 mm SL, New Caledonia (19°23′ S, 163°31′ E), 59 m depth, 14 Sept. 1985; QM I.33260, 2 specimens, 72.5–80.8 mm SL, north-northwest of Point Lookout, Queensland, Australia (27°20′ S, 153°31′ E), 54 m depth, 15 Oct. 2002.

⑨

Diagnosis. A species of *Rogadius* with 11 second dorsal fin rays usually, 4 or 6–8 unbranched lower pectoral fin rays, larger orbital diameter (27.8–33.2% HL, including 4 non-

---

図 5.5　新種記載論文の一例（*Rogadius mcgroutheri* を記載した Imamura, 2007 から抜粋）。①タイトル，②著者の名前と所属，③要旨，④キーワード，⑤イントロダクション，⑥材料と方法，⑦新種の学名，⑧観察した材料（ホロタイプ，パラタイプ，ノンタイプ），⑨標徴，⑩ホロタイプの写真，⑪パラタイプの虹彩皮膜の描画，⑫本種（左）と近似種（右）の眼の前にある棘の描画，⑬本種の尾鰭の写真，⑭記載

◆ 第 5 章 ◆ 研究の進めかた 〜論文投稿までの道のり〜　　93

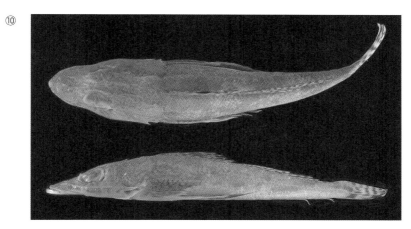

Fig. 1. Dorsal (*upper*) and lateral (*lower*) views of *Rogadius mcgroutheri* sp. nov., holotype, AMS I.25752-001, 137.4 mm SL, collected from New Caledonia

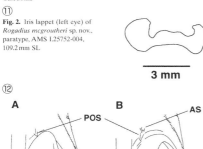

Fig. 2. Iris lappet (left eye) of *Rogadius mcgroutheri* sp. nov., paratype, AMS I.25752-004, 109.2 mm SL

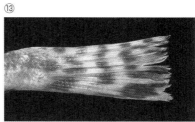

Fig. 4. Caudal fin of *Rogadius mcgroutheri* sp. nov., holotype, AMS I.25752-001, 137.4 mm SL

Fig. 3. Dorsal view of anterior portion of head. **A** *Rogadius mcgroutheri* sp. nov., holotype, AMS I.25752-001, 137.4 mm SL. **B** *Rogadius serratus*, NSMT-P 69917, 135.9 mm SL. *AS*, accessory spines on anterior base of preocular spine; *PO*, preocular spines

type data), single preocular spine lacking the accessory spines on the anterior base usually, short antrorse preopercular spine usually, tooth band on the palatine narrow, with 2 irregular tooth rows, body with indistinct or somewhat distinct brown blotches, and caudal fin with dark brown spots and bands.

Description. Data for the holotype are presented first, followed by paratype data in parentheses or brackets: dorsal fin rays I–VIII-11 (I-VIII-11–12, 11 in 1, 12 in 17); anal fin rays 11 (11); pectoral fin rays 2 (upper, unbranched) + 13 (middle, branched) + 6 (lower, unbranched) = 21 (2 + 8 or 12–13 + 4 or 6–8 = 17, 19 or 21–23); pelvic fin rays I, 5 (I, 5); branched caudal fin rays 6 (upper) + 5 (lower) = 11 (6 + 5–6 = 11–12, usually 6 + 6 = 12); scales in lateral line 52, anterior 8 scales with a spine [52–54 (50 in a non-type), 6–11 with spine; oblique body scale rows slanting downward and backward above lateral line 52 (50–54); oblique body scale rows slanting downward and forward above lateral line 64 (60–73); gill rakers 1 + 5 = 6 (1 + 5–7 = 6–8, usually 1 + 6 = 7). Proportions as % SL: HL 39.6 (36.9–40.1); predorsal length 38.4 (36.5–39.8); length of first dorsal fin base 22.5 (20.7–23.7); length of second dorsal fin base 26.6 (25.9–29.1);

❖ 新しい名前を考える

種小名の由来も語源（Etymology）という項目で説明する。種小名としては，ある人物（当該分類群の研究に大きく貢献した人，標本採集に貢献した人など）に対する献名，標本の産地，体の特徴など多くの候補があるが，さまざまな観点から検討し，その種にふさわしい名前をつける。また，将来，類似する他属に移されたときに他種と同名関係にならないように配慮する。さらに，規約の付録の倫理規定で「無礼な感覚を与えそうな学名を提唱すべきではない」とあるが，人として通常の感覚を持っていれば，とくに問題になることはないはずである。

いい名前をすぐに思いつくときもあれば，なかなか出てこないこともある。いずれにしても，命名は新種を公表する人の義務であり，特権でもある。その名前は未来永劫にわたって残ることになるので，慎重に考えたい。

❖ 論議 —さまざまな内容が対象となる

論文中では，さまざまな内容が論議の対象となる。近似種との比較，命名法上の問題，従来の研究の誤りの訂正，分布の拡大要因の考察など，枚挙に暇がない。比較（Comparison），備考（Remarks），論議（Discussion）など，いろいろな見出しが考えられるが，見出しは一つだけのときと複数の場合がある。

ただし，同属他種や近似種との比較はどんな新種論文でも必要不可欠である。そこでは分類形質を明示し，新種である根拠を説明する。これが不十分だと，新種であることの信憑性が疑われるので，しっかりとした記述が求められる。

❖ 謝辞 —お世話になった方々に感謝を

謝辞（Acknowledgments）では，その研究を行うにあたり，お世話になった方々の名前を挙げ，感謝の意を伝える。外部資金を得て研究した場合は，そのこともここで述べておく。

❖ 引用文献はミスの宝庫

　論文の末尾に引用文献（Literature cited）を掲載する。論文中で引用した文献の情報をここにリスト化するのである。含まれる情報は，著者，公表年，タイトル，雑誌名，巻数，ページ数などである。

　引用文献は雑誌によって体裁が異なる。しかもかなり些細な点で異なっている部分もあるため，ミスが多発する傾向にある。かなり面倒な作業だが，これも論文の一部であるため，ていねいにチェックする。

　引用文献は内容に直接かかわる部分ではないので，論文作成のどの段階でやってもかまわないが，引用件数が少ない場合は，本文を書き終えてから（つまりすべての引用文献が出そろってから）まとめて書くと効率的かもしれない。大著だと引用件数も多くなり，一気にやろうとするとたいへんなので，何回かに分けて作成してもよいだろう。あるいは，難しい論議の執筆に疲れたときの気分転換に，「別作業」として進めるのもいいかもしれない。

❖ 文章以外に必要なもの

　図（Figure）：体の諸特徴は記載として文章化するが，文章では伝わりにくいことも多い。そこで，新種の論文では，どのような種類かを明瞭にするため，魚体の全体図や写真，特徴的な部位の図を掲載する。「百聞は一見に如かず」である。規約の勧告でも，タイプ標本を図示し，特徴的な形質を示すべきとされている。計測形質をプロットしたグラフや，種の分布を示す地図などを作成することもある。

　表（Table）：計測・計数形質を種間で比較するときは表を使うとわかりやすい。ただし，表は誌面をかなり消費する。たとえばホロタイプとパラタイプの2項目のみについて各形質の表をつくるのであれば，各形質のデータを文中に羅列したほうがコンパクトに収まる。表にするか（比較しやすいが誌面を消費する），データを羅列するか（誌面を節約できるが比較はしにくい），それぞれのメリットとデメリットを考えるとよいだろう。

魚体図の描きかた

　魚体図を描くにも，体の輪郭や主な部位のみを描いたり，鱗や鰭条までていねいに描くなど，さまざまなスタイルがある。ていねいに描けば描くほど時間がかかる。私の場合，鱗や鰭条まで描いた図を1枚仕上げるのに1週間前後の集中した時間が必要である。

　写真を掲載することもできるのに，なぜわざわざ時間をかけて魚体図を描くのか，疑問に思う人もいるだろう。研究者によってその理由は異なるかもしれない。私の場合は「写真ではよく見えない特徴も表現できるから」である。写真だと全体的なイメージはよく伝わるが，たとえば頭部の小さな棘や被鱗域のような非常に繊細な特徴は確認しにくい。写真ももちろん重要だが，写真では伝えることができない特徴を表現するために，図の併用は非常に効果的なのである。

　以下に魚体図の描きかたを示す。あくまで一例であり，参考にして，自分にあった方法で作図するのがよいだろう。

まずは元となる原図から

　私の場合，ペンで描くときとコンピュータで描くときがあるが，どちらの場合も，まずは原図を大きめに描き，これを程よいサイズに縮小する。インクで描くときは，縮小した原図の上に，同じサイズのケント紙のようなインクがにじみにくい紙を置き，下から透過光を当て，ケント紙上に原図の線を鉛筆で写し取り，それを下書きにして清書する。コンピュータで描くときは，縮小した原図をスキャナーで取り込み，画面上で原図をなぞって線を描いていく。いずれにしても，原図の出来が完成図の出来に非常に大きく影響するので，しっかりと描いておく。

　いろいろな原図の描きかたがあるだろうが，私がお勧めするのは描画装置付き双眼実体顕微鏡で描くことである。この顕微鏡，なかなかの優れものである。「双眼」なので両目で観察するのだが，左目ではほぼ直下にある標本を観察し，右目では右方向に張り出した描画装置経由でその下にある紙を捉えることになる。この装置を使って作図すると，左右の目の像が合体され，あたかも左目に写った像を鉛筆でなぞっているように見えるのである。

　その他，写真をトレースする方法もあるが，体の場所によっては鱗の配列などの細かい箇所がよく写っていないなど，標本どおりの形態的特徴を再現するのに苦労することがある。

　描画装置を使って魚体を描く場合は，倍率を上げれば上げただけ詳細な原図

描画装置付き双眼実体顕微鏡の使用例。顕微鏡の右側から伸びている「手鏡」のようなものが描画装置の一部となっている。顕微鏡下には骨格パーツがあり，左目で見えている骨格の輪郭を，右目で見えている鉛筆でなぞって作図していく。最初は少し難しいが，慣れてしまえばどうということはない。

を描くことができる。あまり詳細に描いても，細かすぎて下書きや清書に反映できない場合もあるので，完成図をイメージして，どこを省略するかを考えながら描くとよいだろう。

　鱗のある魚の作図はかなり厄介である。屋根瓦のように規則的に配列する場合もあるが，1列から2列，2列から3列へと不規則に配列が変化することもあり，正しい図を描こうとすると非常に正確な観察が要求される。それでも，詳細な魚体図を描く場合は，きちんと再現するようにしている。後日，誰かが私の図と元になった標本を見比べ，不一致を指摘されるのが悔しいからである。くだらない意地かもしれないが，私は作図にもその研究者の力量が表れると考えている。いい加減な図はいい加減な観察から生じると思う。それらしく鱗の配列を再現しても，実際と異なっていれば意味はない。それならば，いっそのこと鱗の配列を省略したほうがよほどいい。小さいことかもしれないが，自分の研究者と

しての立場を悪くするようなことは避けたいのである。

　きれいに鰭立てされた標本なら，そのまま作図に用いることができるが，そうでないなら，たたまれた鰭を広がったように別途作図する（図①）。このようにして，いくつかの部位の図を正確につなぎ合わせ，1枚の原図が完成する（図②）。

　ペンで清書する場合は，縮小した原図を清書用のケント紙に鉛筆でなぞり，下書きを作図する。下書きは清書が終わった後に消しゴムで消すので，少し柔らかめの鉛筆（Bくらいが私の好み。HBだと少し硬すぎる気がする）で描く。下書きで多少失敗しても，途中で消しゴムを使わないほうがいい。紙が毛羽立って，清書するときにインクがにじみ，消しゴムを使った場所と使わなかった場所で線の太さが変わってしまう。

ペンによる清書

　まずはペンを使って清書を描く方法について述べる。製図用ペンを使うと均一な太さの線が描ける。製図用ペンには線の太さによって種類があるので，何本かを使い分けるとよい。

　ちなみに私は多くの場合で0.2ミリと0.1ミリを使っており，まずは魚体の輪郭や鰭条などを0.2ミリのペンで描く。次に0.1ミリのペンで鱗などを描く（図③）。鱗が脱落している箇所は点線で描き，鱗がある状態と区別する。

　さらに同じく0.1ミリのペンで点描を行う。自然科学の図の場合，陰影をつけるときはペンで点を打ち込み，その密度で影の濃淡を表現する。色彩の濃淡も点描で表現する。そのため，黒っぽい魚を描くときはかなり苦労を強いられることになる。点描は，全体のバランスを見つつ，密度の粗いところから始め，少しずつ密度を増やしていく。最初から密度を高く点描すると，濃すぎた場合に取り返しがつかない。

　最後に消しゴムで下書きを消して完成である（図④）。

コンピュータを使った清書

　コンピュータを使って描く場合は，使う紙や下書きの鉛筆の濃さなどは気にする必要がない。適当なサイズに縮小した原図をスキャナーで取り込み，これをもとに作図用のソフトウエアを使って描いていく。線の太さや点の大きさは思いのままである。

　私が大学院生だった頃は描画はすべて手書きだったが，いつのまにかコンピュータを使って描くことが一般的になった。私のようなおじさん世代のアナログ

アカゴチ科の*Bembras longipinnis*の作図プロセス

① 描画装置付き双眼実体顕微鏡を使って鉛筆で描き，ペンでなぞって作成した図（上）。第1背鰭，胸鰭，腹鰭はたたまれているため，別途広げた状態（下）を描く。第2背鰭と臀鰭の各鰭条の長さを測り，正確に再現している。

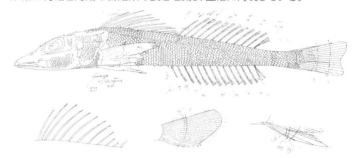

② 魚体と各鰭を合体させて原図は完成。これをもとに下書きを描く。

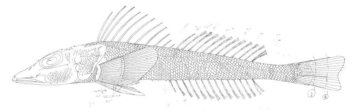

③ 下書きの上から輪郭，鱗などを製図用ペンで書き込んだ状態。

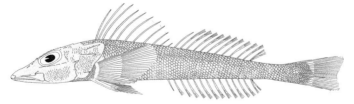

④ 点描で色彩を表現するなどし，消しゴムで下書きを消して完成。

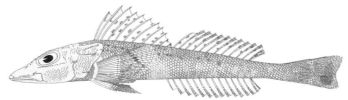

人間でも、ペンを使って描くことはほとんどなくなった。ただし私の場合、コンピュータで描くほうが好き、あるいは得意というわけではない。久しぶりに作図しようとすると、インクが固まっていて、ペンが使えるようになるまでかなり時間がかかってしまうので、タイムロスが少ないコンピュータを使ってしまうのである。私でさえこうなのだから、若い学生たちは例外なくコンピュータで描いている。

　コンピュータで描いた図は線の太さが完全に均一で、ぶれや歪みもなく、非常にきれいなのだが、なんとなく物足りなく感じてしまう。手書きの場合は線の描きかたなどに個性が表れるものだが、それを感じにくいからなのかもしれない。

学術雑誌に投稿する

　ひととおり論文が完成したら、投稿する前に英語を母国語とする人に原稿を読んでもらい、英語表現のチェックを受けるのが一般的である。チェックを受ければそれだけ時間がかかり、投稿が遅くなってしまうが、英語表現が不十分で内容が理解できないようであれば、担当編集者や校閲者から、「意味がわからないので適切に修正するように」とか、「英文チェックを受けるよう強く勧める」とか、何らかの改訂を依頼されることになり、結局は修正に時間がかかる。ならばはじめからチェックを受け、原稿の完成度を高めて投稿すべきである。編集者や校閲者がなおしてくれるからいいや、などと思ってはいけない。

　英文チェックは著者自身だけのためではない。私は論文の編集や校閲を長年にわたって経験してきたが、日本人を含め、英語圏ではない著者の論文で、英文チェックを受けておらず、文章に問題のあるものを担当することも少なくなかった。そして、そのたびに時間を取られ、苦労させられた。このように事前の英文チェックは、論文の完成度を高めるという意味では著者自身のためであるし、論文に関わる人の負担を少なくするという意味では編集者・校閲者のためでもある。論文投稿のエチケットだと考えよう。

　英文チェックは同じ分野を研究している英語圏の研究者にお願いしたり、英文校閲を行う業者に依頼したり、さまざまである。研究者に読んでもらう場合

は，自分では気づかなかった研究上の問題点を指摘してもらえることもあり，たいへんありがたい。

　英文チェックで指摘された点を改訂し，体裁を整えれば，後は学術雑誌に論文を投稿するだけである。しかし，実際はここから先がいちばんたいへんかもしれない。多くの学術雑誌は査読制を導入しており，書いた内容がそのまま雑誌に掲載されるわけではないのである。通常は 2 名の校閲者が査読を行い，査読結果を参考にして担当編集委員が論文の掲載可否を判断する。

　査読は基本的に担当編集委員がその分野の専門家に依頼する。論文は厳しい目で評価され，「掲載不可（Reject）」となることも珍しくない。査読制の学術雑誌では，校閲者の評価に耐え，掲載する価値があると判断された論文のみが読者の目に触れることになる。

　校閲者の指摘がすべて正しいわけではないが，たいへん参考になるコメントをもらうことも多い。校閲者の指摘が妥当でない場合は，意見に従えない理由を担当編集委員に論理的に説明すればよい。

　担当編集委員からも有益なコメントをいただく。これらの指摘点を踏まえて論文を改訂し，担当編集委員が問題ないと判断すれば，論文は受理され，ゲラのチェックなどを経て，後日，ウェブや冊子体として公表されることになる。それまでの苦労が報われる瞬間である。

　しかし，新種を記載した論文も，あくまで科学的一仮説に過ぎない。投稿するまでに観察した標本から得られた結果であり，もっと多くの標本を観察すると，もしかしたら公表した新種と近似種の「種的差異」がなくなってしまい，新種ではなくなるかもしれない。公表されてほっとするのも束の間，そのあとは，良くも悪くも読者としての研究者の批評にさらされることになる。だからこそ，論文は投稿するまでにしっかりと準備し，公表後の批評にも耐えうるものにすべきなのである。

トピック　新種発見のエピソード—キタガワヘビゲンゲの場合

　私は北大の教員になる前，ポスドク（ポストドクターの略。博士号を取得した後，任期制の職についている研究員のこと）として水産庁（現在は国立研究開発法人 水産研究・教育機構）の研究機関である東北区水産研究所八戸支所にお世話になっていた。この研究所が所有している調査船「若鷹丸」は東北太平洋沖を中心に魚類などの資源量調査などを行っており，何回か調査に参加させてもらった。

　1997年の秋の調査航海のことである。青森県沖の水深約660メートル地点でのトロール調査で，たくさんのイラコアナゴ類が入れられたカゴのなかに，見慣れないゲンゲ科魚類がいることに気がついた（図1）。体はウナギ形で褐色を呈し，側線は2本で，腹鰭を持っていない。この海域に分布するゲンゲ科魚類のどの種とも違うため，すぐに新種ではないかと考えた。冷凍して研究室へ持ち帰り，詳細に観察した結果，日本だけでなく，世界中のどの既知種とも異なることがわかり，新種であることが確定した。

図1　東北太平洋の青森県沖で採集された1個体目のキタガワヘビゲンゲ（北海道大学総合博物館所蔵標本）。この標本は本種のパラタイプとなっている。

　しかし私は悩んだ。亜科レベルの所属がよくわからないのである。ゲンゲ科は3つの亜科に分けられている。本種の諸特徴からマユガジ亜科に近いのだが，一致しない点がある。眼の下縁と後縁に位置する眼下骨孔（suborbital pore）という感覚孔があるのだが，マユガジ亜科魚類ではこれらがL字型に配列するのに対し，本種では半円形に並んでいる（図2）。

　この皮膚上の感覚孔は，皮下にある眼下骨と呼ばれる骨にある感覚孔とつながっており，この配列の違いは眼下骨の配列の違いを表している。眼下骨は眼

に沿って配列するので，通常は半円形に並ぶため，マユガジ亜科魚類の状態が派生的と考えられる．この特徴はマユガジ亜科魚類にしか見られず，かなり重要な形質と考えられるため，これを持たない本種をマユガジ亜科に含めることに躊躇した．その後も東北太平洋沖から雌雄を含む4個体の標本が採集されたが，どれも眼下骨孔は半円形に配列しており，個体変異や雌雄差ではないことが確認された．

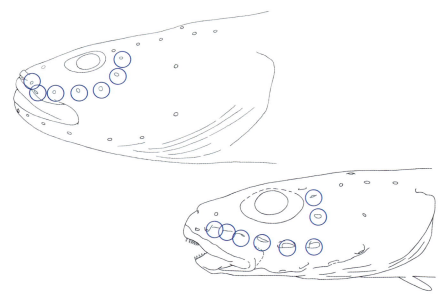

図2 キタガワヘビゲンゲ（左上）とヘビゲンゲ属のオホーツクヘビゲンゲ（右下）の頭部側面図．青色の丸印が眼下骨孔を示す．キタガワヘビゲンゲでは半円形に，オホーツクヘビゲンゲではL字型に配列している．

自分だけではなかなか解決できないと考え，ゲンゲ類の分類の専門家に知恵を借りることにした．南アフリカ共和国にある，南アフリカ水圏生物多様性研究所のエリック・アンダーソン博士（M. Eric Anderson）に共同研究を申し込み，主導的に進めてもらうことにしたのである．彼はこの申し出を快く引き受けてくれたので，標本を送って観察してもらった．ほどなくして原稿が送られてきた．まずは気になる帰属を確認した．彼は本種をマユガジ亜科のヘビゲン

ゲ属（*Lycenchelys*）に位置づけていた。そして西部太平洋産で本種以外に唯一腹鰭を持たない *Lycenchelys fedorovi*，および 2 本の側線を持つ北太平洋産の 3 種の本属魚類を比較し，新種と結論していた。しかし，私が悩んでいた眼下骨孔の配列についての論議は含まれていなかった。

　どうしたものかと考えたが，知恵を借りるために共同研究に誘ったのだから，ここは彼に任せることにした。この問題を解決するには本種と 3 亜科に含まれるゲンゲ類の比較解剖を行い，系統解析で系統的位置を推定するのが最善だが，まずは新種の早期公表を優先することにした。系統解析は新種公表の後に，あせらず腰を据えて取り組めばいいのである。論文投稿後，校閲者から眼下骨孔の配列に関するコメントもなく，2002 年に無事に *Lycenchelys tohokuensis* の学名で新種として公表された（Anderson and Imamura, 2002）。

　種小名 *tohokuensis* は，採集されたときの調査を実施した東北区水産研究所と，本種の産地である東北地方の 2 つに因んでいる。標準和名はキタガワヘビゲンゲとした。こちらは，ポスドク時代にたいへんお世話になった，同研究所八戸支所（当時）の北川大二博士に因んでいる（種小名はアンダーソン博士に一任したが，和名は私が提案した）。

　北川博士とは酒呑み仲間でもあり，あるとき 2 人で行きつけの居酒屋で一杯やりながら，私が「お世話になったお礼に，いつか北川さんのお名前を魚につけますよ」というと，「ありがたいけど，ゲンゲやクサウオのような変な魚は嫌だなあ」と笑いながらお応えになったのだが，酔っぱらいの話が現実のものとなった。ゲンゲでは嫌だとおっしゃっていたが，北大赴任後にこの論文を公表し，本当にゲンゲにお名前をつけたことをお知らせしたところ，たいへん喜んでくださった。少しはポスドク時代のご恩返しができたかもしれない。このようなエピソードもあるため，本種は私にとって非常に思い出の深い新種となっている。

　ところでキタガワヘビゲンゲの系統的位置だが，本種が新種として公表されてから長い年月が流れたものの，腰を据えすぎてしまい，残念ながらまだ論文にできていない。今後の課題となっている。

第6章　標本観察で世界を旅する

　第4章で述べたように，ホロタイプなどの種の担名タイプの標本は借用できないことがある。また，オーストラリア博物館（22種54個体分のコチ科のタイプ標本が収蔵されている）のように借用させてくれる場合でも，たくさんの標本をまとめて借用することはしない。輸送中にトラブルが発生し，すべての標本が紛失してしまう可能性があるからだ。そこで，数個体ずつに分けて，先に送った標本が戻ってきたら次の標本を送ってもらうといった方法をとったほうが安全である。しかし，そんなことをするより，自分で足を運んだほうが時間的にははるかに効率的である。そのため分類学者は，少なからず旅費はかかるものの，必要ならば，それが外国であったとしても，当該研究機関を訪ねて，じかに標本を観察する。

　本章では本書のしめくくりとして，私が経験した海外での標本観察についてお話ししてみたい。

海外での標本観察

　コチ科魚類の場合，古い時代からいろいろな国の研究者が新種を公表しているため，パリ，ロンドン，ベルリン，ライデン（オランダ），ウィーン，ワシントンDC，サンフランシスコ，シドニー，メルボルン，ダーウィン，ホバート，クイーンズランド，パースなど，いろんな国・都市にある博物館などの研究機関でタイプ標本が保管されている。タイプ標本のデータは私自身の研究に不可欠であるため，これらの研究機関を一つずつ訪問し，少しずつデータを蓄積してきた。その甲斐あって現在では，コチ科魚類の分類の基盤はほぼ整い，あわせて各研究機関で多くの貴重な経験をさせていただいた。

　標本観察で海外出張する場合，事前準備として，まず当該研究機関に収蔵さ

図6.1 パリ自然史博物館の研究室。どこへ行ってもやることは変わらず,標本の観察と写真撮影に明け暮れる。中央の標本群はすべてコチ科魚類のタイプ標本。

れているタイプ標本を把握する（各種のタイプ標本がどこに収蔵されているかは「Catalogue of Fishes」というウェブサイトで調べることができる）。また,その機関のスタッフから収蔵標本のリストを送ってもらい,タイプ標本以外にも観察すべき標本がないかを調べ,ある場合はそれらの観察も予定に入れる。自分がコチ類の標本を1個体観察するのに必要な平均時間は把握しているので,それをもとに滞在期間中におおよそ何個体を観察できるか割り出し,観察する個体を選んでおくのである。事前に観察したい標本を連絡しておけば,準備しておいてくれることもある。しかし,私の場合は自分で標本庫へ入って探すことが多い。探索の過程で,新種やほとんど報告例がない希種などの「掘り出し物」を発見することもあるからだ。

標本の観察方法は第5章で述べたとおりで,それ自体はどこでやっても変わ

りはない。しかし上述のように，初めて訪問する機関では，新種や希種に出くわして，研究が大きく進展することもある。初めてでなくとも，訪問の期間がしばらく空いていれば，新たに加えられた標本のなかに珍しいものが含まれているかもしれない。国内の例だが，日本初記録のナメラオニゴチの標本は，数年ぶりに訪れた国立科学博物館の標本庫で，たまたま見つけたものだった。

　2006年に初めてオーストラリア博物館を訪問し，約1か月間滞在したときは，新知見の山に遭遇した。この博物館，たいへん珍しいことに，スタッフが休暇をとる土曜日と日曜日にも館内で研究させてもらえる。その他の大学の業務から離れ，バラ色の研究三昧の日々を過ごし，多くの成果を上げることができた。タイプ標本の観察はもちろん，この間に得た新知見の芽は，4種の新種，1種のオーストラリア初記録，1種の再記載，2種の学名の変更（新たなシノニムの発見による）などを含む，12編の論文公表へつながったのである。

図6.2
オーストラリア博物館
（2006年撮影）

　これほど多くの新たな知見が埋もれていたことを不思議に思う人もいるだろう。しかし，わかっていないことは以外と多く，たとえば世界に新種がまだ相当数いることは第1章で説明したとおりである。コチ科の場合，種数に比べて研究者が少ない（というか現在は専門家は私だけ）せいかもしれない。また，分類が非常に難しい種が多いため，専門家でなければ問題点すら見つけにくいのかもしれない。

標本の観察だけでなく，写真も撮影しておく。とくにタイプ標本の写真は重要である。私は習字で使うフェルト材の黒色の下敷きを持参して，写真の背景にする。コチ科魚類は体が平たいので側面写真が非常に撮影しにくいため，下敷きの下に適したサイズのピンセットを入れてくぼみをつくり，そこに標本を置いて安定させている。

図6.3　オーストラリア連邦科学・産業研究機構で撮影した Platycephalus australis。左端に下敷きの下に仕込んだピンセットが見えている。

研究以外の生活

　海外で標本観察をする場合，当たり前だが現地での生活の中心は研究である。研究についてはどこであっても基本的に同じことをやっているが，それ以外は普段の生活とはまったく異なる。ここでは，そんな私の研究機関以外での一般的な行動パターンを紹介してみたい。
　私は基本的に一人で渡航する。とくに一人が好きというわけではないのだが，自分個人の研究のために行くことがほとんどなので，誰かと同行する必然性をあまり感じないのである。自分以外に頼る人がいないため，体調不良や事

故に遭遇したときが心配だが，自由気ままではある。日本では感じることのできない孤独感を楽しむこともできる。

個人的な信条として，公私ともに，お金をかける必要がある場合は出し惜しまないが，不必要な出費は極力抑えたいと考えており，海外出張でもこれを実行している（日々の研究室の運営でもまったく同様である。限られた研究費は有効に使わなければならない）。

ホテルで朝食をとると日本円で1000円くらいかかることもある。昼食や夕食ならともかく，朝食に1000円も使いたくはない。そもそもレストランがないこともある。そこで，ホテルに到着したら，フロントで近所のスーパーマーケットの場所を教えてもらい，買い物に出かける。食パン，ハム，スライスチーズ，レタス，牛乳などを購入し，朝食にするのである。かなり安上がりである。

また，研究機関の立地によっては近くにレストランやフードコートがない場合もあるし，わざわざ昼食のために外へ出ていくのは時間がもったいない（ただし，機関のスタッフから昼食に誘われたら喜んで同行させてもらう。後述するように，そのような時間は非常に有意義だからである）。そこで，朝食を用意するついでに，昼食用のサンドイッチもつくる。朝と昼で同じようなものを食べることになるが，そこは目をつぶる。その代わりといってはなんだが，夕食は贅沢にならない範囲で，好きなものを外食するようにしている。

キッチン付きの施設に宿泊し，夕食を自炊することもある。手軽にできるのはスパゲティである。麺とソースは現地調達できるし（イギリス，ドイツ，オーストラリアなどでは，トマトソースやクリームソースなど，いろいろな種類の瓶詰めのソースが販売されていた），食事の支度に時間がかからないので，お勧めである。

昼の間は研究機関で標本を観察し，データ収集や写真撮影に集中する。通常は機関のスタッフがいる時間帯に研究をやらせてもらうので，時間は何より貴重である。そこで，最終日以外はデータと写真のコンピュータ入力はホテルで行う。一日で観察できる標本数はだいたい10個体前後で，これらの計数・計測値を入力し，渡航までに取りためた同種のデータと比較する。計測値の場合

図6.4 フンボルト大学自然史博物館を訪問したときに宿泊させてもらったゲストハウスにはキッチンが付いていた。スパゲティ, サラダ, ワインを並べ, それなりのディナーとなった。

は数値だけ見比べてもよくわからないため, 各測定部位についてグラフ化して比較する。こうやって計数・計測に誤りがないかを確認するのである。その日に観察したのが1種だけならそれほどでもないが, 多くの種を観察した場合はかなりの手間となる。2時間くらいかかることもある。もしその日に取ったデータが他の標本データから外れることがあれば, 翌日, 真っ先に計数・測定し直し, 誤りがあればデータを修正する（ただし, 測り直してもほとんど同じ測定値となり, 単なる個体変異と見なされることがほとんどである）。研究機関滞在の最終日だと翌日は観察できないので, この日ばかりはデータ入力と計数・計測ミスの確認は研究機関で行う。

夜にホテルでデータを確認したり, 写真をコンピュータに取り込んだ後は, 受信したメールに返信する。できれば出張中は研究以外の仕事はしたくないのだが, 溜めてしまうと後でたいへんな思いをすることになる。研究機関にいる時間帯もメールはチェックし, 緊急の連絡にはその場で返信するが, ほとんどの場合, 返信は夜間に行うようにしている。

データ入力やメールの返信を終え, 翌日の研究の準備を済ませたら, ようやく自由時間がやってくる。ビールやワインを飲みながら, 日本にいる家族のこと, 現地で得られた新知見からどのような論文を書くかなど, アルコールで少しぼんやりした頭であれやこれやと考える。これも貴重なひとときである。滞在の最終日は達成感とある種の開放感があり, とくに充実した時間となる。

帰国当日，空港で出国手続きを終え，飛行機に搭乗するまでの間に，レストランやバーでお酒を楽しむ。機内でもアルコール類のサービスはあるが，それまで待つつもりはない。やるべきことをすべてやり終え，最もリラックスできる時間である。次はどこへ行こうかな。ビールやウイスキーを飲みながら，次の渡航先に思いを馳せるのである。

海外出張にともなう役得?!

　研究が目的の出張なのだが，海外にいくことで発生する「役得」もあったりする。研究をやっていれば，それ以外にも楽しいこと，面白いことがあるということも，この場を借りて少しだけ紹介させていただく。

❖ **訪ねた先は 18 か国**
　まず，外国へ行けること自体が最大の役得だろう。標本観察の他，標本採集や国際シンポジウムへの参加など，研究やその他の大学の仕事の関係で 18 か国を訪問してきた。じつは観光目的の個人的な海外旅行は一度もしたことがなく，この仕事をしていなければ外国へ行くことはなかっただろう。さまざまな国を訪れ，自分の足で歩き，自分の目で見ることは，たいへん貴重な経験だと思う。ウィーンとパリの自然史博物館を訪問したときは，その出張申請を見た女性事務職員が「なんてうらやましい……」とつぶやいたそうだ。同じ立場なら，私もそう思っただろう。間違いなく研究上の役得である。
　上述のように，私は必ず渡航初日にスーパーマーケットへ買い物に行く。実はこれも海外での楽しみのひとつである。日本では見かけない野菜や果物があったり，牛乳の容器がやたら大きかったり，様子が違うことが多い。パリでさまざまな，そして大量のワインが壁一面に並んでいるのを見たり，インドネシアのビンタン島では小額のおつりの代わりに小さなチョコレートをもらったりすることでお国柄の違いを感じたり，ちょっとしたことではあるが，実にさまざまな発見がある。これも行ってみて初めて経験できることである。

❖ 世界を味わう

　私はアルコール類は全般的に好きだが，とくにビールが好きで，ほぼ毎日飲んでいる（ただし量は控え目に）。海外へ行ってもこの行動は変わらないし，変える気もない。むしろ普段飲めない銘柄ばかりなので，喜んで買い求めている。レストランへ行っても「まずビール」と注文することが多い。これも海外における高ランクの楽しみのひとつである。おいしいビールはいろいろあるが，たとえばオーストラリアへ行くと「ヴィクトリア・ビター（Victoria Bitter, 通称VB）」をよく飲む。少し濃くて苦みが強いが，同国ではポピュラーな銘柄で，お気に入りのひとつである。

図6.5　世界のビール。上段左から，オーストラリア（これが私が好きなVB），アメリカ，ベトナム，台湾，インドネシア。下段左から，シンガポール，フィリピン，ミャンマー，ロシア，チェコ。

　私は単独行動だと基本的に朝食と昼食は自分でつくるが，夕食は外食することも多い。また，チームでサンプリングをするときは，同行のみなさんと外食する。みんなでわいわい食べるのもたいへん楽しいものである。ヨーロッパやアメリカなどで食べる西洋料理は日本で食べるものとあまり変わらない（私が違いに気づかないだけかもしれないが）。ただ，ロシアで食べたボルシチは想像していたものと大きく違っていた。ビーツがきいており，これが本場の味

か，と思いながら食事を楽しんだ。また，名物となっているサンフランシスコのクラムチャウダーは容器がわりに使われているパンに酸味があり，これもご当地ならでは。東南アジア，とくにタイとベトナムの料理はとてもおいしい。タイ料理は辛いものが苦手な人は要注意だが，ベトナム料理は辛くない。春巻きは一番のお勧めである。ただし，生春巻きは注意したほうがいい。生水に浸したライスペーパーが使われていると，後でたいへんなことになる。

図6.6　世界の料理。ロシアのボルシチ（左上），タイ（右上），アメリカのクラムチャウダー（左下），台湾（右下）。

休日は博物館や美術館，演奏会へも

　土日・祝祭日は研究機関に入室できないことがほとんどなので，何かで暇をつぶすことになる。基本的に私は乗り物に乗るなどの遠出はあまりせず，歩いて行ける範囲で出かけることが多い。

図6.7 ロンドン自然史博物館（左上），ナチュラリス生物多様性センター（オランダ・ライデン，右上），クイーンズランド博物館（オーストラリア，左下），パリ自然史博物館の進化大陳列館（右下）

　よく行くのは博物館である。訪問する研究機関は博物館であることが多いので，そこの展示はぜひ見ておきたい。また，私は北大に勤務した最初の10年間は総合博物館の所属で，現在も総合博物館分館の水産科学館の館長を兼任しており，展示手法などにも興味がある。各館でそれぞれ趣向を凝らし，特徴があり，いつもたいへん興味深く見学させてもらっている。

　美術館へ行くこともある。高校の頃は美術部に所属していたこともあり，絵画にも興味がある。とくにサンクトペテルブルクのエルミタージュ美術館やパリのルーブル美術館は非常に見応えがあった。どちらも暇つぶしにしては，あまりに贅沢な時を過ごした。

　ホテルのそばに観光名所がある場合もある。名所でなくても，日本では見る

ことのできない造りの建物や美しい風景,植物を楽しめることもある。外国にいることを強く感じる瞬間である。

私は弦楽器(ヴィオラとヴァイオリン)の演奏が趣味で,アマチュアオーケストラなどに所属して演奏を楽しんでいる。以前,シドニーにあるオーストラリア博物館を訪問するとき,知人のオーストラリア人が,「君は音楽が趣味なのだから,シドニーへ行くならぜひオペラハウスでオーケストラの演奏を聴いてくるべきだ」と,私の日程に合わせてシド

図6.8 演奏会終了後に撮影したオペラハウス。ライトアップされ,とてもきれいだった。演奏とともに思い出として記憶に残っている。

ニー交響楽団のチケットを予約してくれた。平日の夜だったので,標本観察にもまったく影響なく,演奏会を心から楽しむことができた。指揮は日本人もよく知るアシュケナージ氏で,いまでも心に残る,たいへん貴重な経験である。

現地の研究者やスタッフとの交流

最後に,研究に勝るとも劣らない貴重な経験について触れておきたい。

海外の研究機関へ行くと,そこの研究者やスタッフたちに会うこととなる。すでに国際シンポジウムなどの機会に会ったことのある人もいるが,多くは初めて会う人である。多少緊張気味の私に,彼らはとても親切に施設の使いかたを説明してくれる。いろいろな国の人たちと知り合いになり,研究以外の交流を持つのも,非常に有意義な時間である。昼食に誘ってくれたり,研究の後に一杯つき合ってくれたり,貴重な経験をさせていただいた。

彼らとのコミュニケーションはすべて英語で行う。私はあまり英会話が得意ではないが,彼らはたどたどしい私の言葉にきちんと耳を傾けてくれるし,気を使って少しゆっくりと話してくれる。どうも彼らは会話を楽しもうとしているように感じる。ならばこちらも楽しみたい。内容はさまざまだが,研究の話

図6.9 研究機関のスタッフとの思い出の写真。左上：ノーザンテリトリー博物美術館（2009年撮影），右上：ロシア科学アカデミー（2010年），左下：オーストラリア博物館（2006年），右下：パリ自然史博物館（2006年）

はほとんどしない。たとえば家族のこと，趣味のこと，自国の文化のこと，スポーツのこと，などなど。食事をしたり，お酒を飲みながら彼らと楽しく会話をするのも，海外出張での貴重な体験である。

　彼らが私の訪問を受け入れてくれなければ，彼らの機関で研究することはできない。機関でのサポートだけでなく，空港や最寄駅まで迎えにきてくれることもある。彼らの協力には頭が下がる思いである。それに報いる最良の方法は，論文を公表し，そのなかで彼らの機関の標本を明記することである。標本の利用が機関の実績になるからである。実は，これも私ができるだけ論文を公表したいと考える理由の一つとなっている。彼らの名前も謝辞で紹介し，感謝の気持ちを表明する。公表された論文の PDF をお礼の言葉とともにメールで送ると，「標本を活用してもらえてうれしい」という返事がくる。この一言で，こちらもとてもうれしい気持ちになるのである。

おわりに

　小学校3・4年生の頃，父の転勤で北陸地方のある町に移り住んだ。そこには豊かな自然があった。田んぼがあり，小さなオタマジャクシが戯れていた。小川があり，ドジョウやフナが泳いでいた。沼があり，ウシガエルが鳴いていた。山があり，クワガタムシが住んでいた。驚喜した。それまで住んでいた町には，これほどの自然はなかった。勉強はそっちのけで，野山，田んぼ，小川などで生き物を追いかけて遊びまくった。そして，あちこちから生き物を捕まえてきては飼育した。とくに興味があったのはフナ，ドジョウ，ナマズといった魚類だった。飽きることなく水槽を眺めていた。

　その後，再び父の転勤があり，西日本の大都市で私たち家族は新たな生活を始めた。大都市での生活ゆえ，必然的に自然との関わりは薄れた。それから時が流れ，進学先の大学を選ぶとき，当初はある大学の理学部生物学科を考えた。かなりの時間が流れたせいか，北陸地方での楽しい体験を忘れていたのだが，高校3年生の夏に突然，小学生の頃に魚にとても興味を持っていたことを思い出した。それがきっかけとなり，魚の研究をやってみたくなり，志望校を北大水産学部に変更，受験したところ合格し，紆余曲折あって現在に至っている。幼い頃に自然と戯れた経験が，現在の魚類研究者としての基礎を形成したのだと思う。

　そのような経緯を経た上で，大学4年生から現在にいたるまで，約30年にわたって魚類の分類と系統分類に携わってきた。いつも順風満帆なわけもなく，苦労することも多々あった。それでも，魚の研究を行うことの楽しさ，素晴らしさにふれることができ，非常に恵まれた経験をさせてもらってきたと思っている。

　いまから十数年以上も前のことである。同じ研究室の先輩で，ある国内の博物館に勤務する方から，「あなたがうらやましい」といわれたことがあった。自分には指導する学生がいないが，あなたは大学の教員であり，魚類分類学の後

継者の育成に関わることができているから，というのが理由だった．おっしゃるとおりで，たいへん幸せなことに，私は後継者を育てることができる，大学という環境に身を置いている．そしてこれもたいへんうれしいことに，毎年4月になると何人かの新4年生が研究室の新しいメンバーとなり，新たな研究をスタートさせる．

　もちろん全員が研究者を目指すわけではなく，学部を卒業後には社会へ巣立っていく人もいるし，修士課程に進学しても，博士課程には進まずに就職する人も多い．それはそれでいっこうにかまわない．それぞれが自分の思う人生を歩み，そのどこかで研究室で経験したことを（魚の研究だけでなく，論理的な文章の書きかたやプレゼンテーションのしかたなども）少しでも生かしてくれたらそれでよいと思っている．一方，博士課程に進学し，研究者を目指す人もいる．魚類分類学を仕事にできる職種は少なく，大学教員か博物館員くらいである．魚の研究を行う研究機関としては水産試験所や水産研究所もあるが，分類学は業務に含まれない（調査で採集された魚種を判別するために分類学的な知識が必要な場面はあるかもしれないが，メインの仕事ではない）．このようになかなか厳しい現状ではあるが，できれば博士課程に進学する彼らには魚類分類学者として研究職を目指してほしい．そして，日本の魚類分類学の後継者の一人として，次の世代の育成にぜひ関わっていただければと思う．

　本書を読んだ高校生や大学生の方で，もしかしたら魚類分類学に興味を持ち，この分野を研究してみたいと思った人がいるかもしれない．私は北大の教員なので，高校生の方であれば，できれば北大水産学部を受験し，将来は函館キャンパスで学んでもらえるとうれしいが，他の大学に進学されてもかまわない．本書が読者の知的好奇心を刺激し，将来の進路によい影響を与えることができたとしたら，非常にうれしく思う．また，大学生の方で，もしご自身の大学で魚類分類学が学べる研究室があれば，ぜひそちらへ進んでほしい．そのような研究室がなかったとしても，大学院へ進学する希望があるのなら，北大を含め，他大学の魚類分類学の研究室に進学するという道もある．

　分類学に限らず，研究者を目指したいと思うのなら，ぜひ英語の勉強に力を入れるとよい．本書でも述べたように，科学論文は英語で書くことが多い．い

いかえると，英語で書かれた論文を読む機会も多いということである。また，研究を進める過程で，海外で標本を観察したり，国際シンポジウムで発表する機会もあるだろう。つまり，何かにつけて英語能力が必要な場面が出てくる。私は中高校生の頃，英語があまり得意ではなかった。英語の勉強に時間を使わなかったのが一番の原因だと思う。高校2年生から理系コースを選択し，そちらの道を進むことにしたのだが，悪いことに英語は文系科目だと勝手に思い込んでいた。理系でも英語は必要だといってくれる先生もいなかった。そんな理由で，英語の勉強に力が入らなかったのだが，大学4年生になって研究室へ配属されて卒業研究を始めてから，理系こそ英語が必要なのだということにようやく気がついた。

あるとき何人かの学生に，高校の先生から英語の重要性を教えてもらった経験があるかどうか聞いてみたところ，約半数の学生があると答えた。私が高校生の頃と比べると状況は変わってきている。自然科学に関わらなくても，国際化が進んでいるいま，英語の重要性は増す一方であろう。将来どのような道に進むかまだ決めていない人も，自分への投資だと思って英語を勉強することを強くお勧めしたい。

魚は好きだが，研究者になるつもりはない人も大勢いると思う。研究者でなくても楽しく魚と関わりを持つことは十分可能である（むしろ研究対象としないほうが，より楽しい付き合いができるかもしれない）。釣りが好きな人もいるだろうし，水族館や自宅の水槽で魚を眺めるのが好きな人もいるだろう。そのような魚との付き合い方もとても素晴らしいと思う。その際は，ぜひその魚に名前がついていることを思い出していただきたい。そして，より楽しく魚と付き合うために，わからない魚を見かけたら，図鑑などで名前を調べてみてほしい。その魚を知ることの第一歩となるはずである。名前を知ることで，あなたの魚の世界をもっと深めていただければとてもうれしい。

2019年4月

研究室から函館山を見ながら　今村　央

魚体図ギャラリー

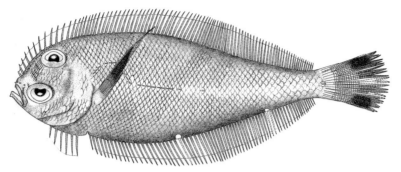

Engyprosopon hensleyi Amaoka and Imamura, 1990

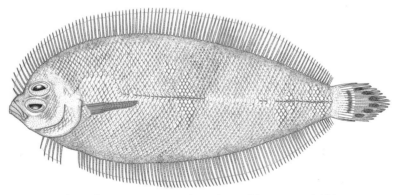

Arnoglossus sayaensis Amaoka and Imamura, 1990

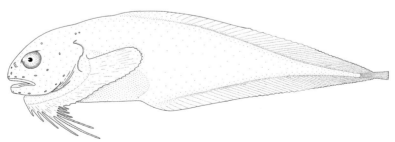

Careproctus parvidiscus Imamura and Nobetsu, 2002

参考文献

第 1 章　分類学とは？

Ho, H.-C., C.-H. Chang and K.-T. Shao. 2012. Two new sandperches (Perciformes: Pinguipedidae: *Parapercis*) from South China Sea, based on morphology and DNA barcoding. Raffles Bull. Zool., 60: 163–172.

Imamura, H. 1996. Phylogeny of the family Platycephalidae and related taxa. Spec. Divers., 1: 123–233.

Imamura, H. 2012. Validity and redescription of a flathead fish, *Onigocia macrocephala* (Weber, 1913) (Teleostei: Platycephalidae). Zootaxa, 3450: 23–32.

Imamura, H. and T. Yoshino. 2007. *Ryukyupercis*, a new genus of pinguipedid fish for the species *Parapercis gushikeni* (Teleostei: Perciformes) based on the phylogenetic relationships of the family. Raffles Bull. Zool., Suppl., (14): 93–100.

松浦啓一．2009．動物分類学．東京大学出版会．

馬渡峻輔．1994．動物分類学の論理 ―多様性を認識する方法―．東京大学出版会，東京．

Mora, C., D. P. Tittensor, S. Adl, A. G. B. Simpson and B. Worm. 2011. How many species are there on earth and in the ocean? PLoS Biol., 9(8): e1001127. https://doi.org/10.1371/journal.pbio.1001127

直海俊一郎．2004．生物体系学．東京大学出版会，東京．

第 2 章　魚類とは？

平嶋義宏．1994．生物学名命名法辞典．秀巧社印刷株式会社，東京．

IUCN. 2019. The IUCN Red List of threatened species. Version 2018-2. https://www.iucnredlist.org（2019 年 3 月 15 日閲覧）

岩井保．2005．魚学入門．恒星社厚生閣，東京．

木村清志（監修）．2010．新魚類解剖図鑑．緑書房，東京．

松浦啓一（監修）．2007．海の動物百科 2．魚類 I．朝倉書店，東京．

松浦啓一（監修）．2007．海の動物百科 3．魚類 II．朝倉書店，東京．

中坊徹次（編）．2013．日本産魚類検索　全種の同定．第 3 版．東海大学出版会，秦野．

中坊徹次・平嶋義宏．2015．日本産魚類全種の学名　語源と解説．東海大学出版会，秦野．

Nelson, J. S., T. C. Grande and M. V. H. Wilson. 2016. Fishes of the world, 5th edition. John Wiley & Sons, Inc., Hoboken, New Jersey.

Ontario Ministry of Natural Resources. 2009. The lake sturgeon in Ontario. Fish and Wildlife Branch. Peterborough, Ontario.
上野輝彌・坂本一男．1999．魚の分類の図鑑．東海大学出版会，東京．
WWF ジャパン．2018．レッドリストについて．https://www.wwf.or.jp/activities/basicinfo/3559.html（2019 年 3 月 15 日閲覧）
矢部衞・桑村哲生・都木靖彰（編）．2017．魚類学．恒星社厚生閣，東京．

第 3 章　国際動物命名規約について

Clerck, C. A. 1757. Svenska Spindlar / Aranei Svecici. Laurentius Salvius, Stockholm.
動物命名法国際審議会．2005．国際動物命名規約第 4 版日本語版［追補］．日本動物分類学関連学会連合，札幌．
平嶋義宏．1994．第 2 章の引用を参照
北海道大学大学院文学研究科芸術学研究室・北海道大学総合博物館（編）．2009．北海道大学総合博物館開館 10 周年記念企画展示 疋田豊治ガラス乾板写真展 知られざる北海道写真 ―ある魚類学者のまなざし―．
ICZN (International Commission on Zoological Nomenclature). 1999. International code of zoological nomenclature, 4th edition. The International Trust for Zoological Nomenclature, London.
ICZN. 2003. Declaration 44―Amendment of Article 74.7.3. Bull. Zool. Nomencl., 60: 263.
ICZN. 2012. Amendment of Articles 8, 9, 10, 21 and 78 of the International Code of Zoological Nomenclature to expand and refine methods of publication. Bull. Zool. Nomencl. 69: 161–169.
ICZN. 2017. Declaration 45―Addition of Recommendations to Article 73 and of the term "specimen, preserved" to the Glossary. Bull. Zool. Nomencl. 73: 96–97.
Imamura, H. 2011. *Onigocia sibogae*, a replacement name for a distinct species of flathead fish, *Platycephalus grandisquama* Weber, 1913 (Teleostei: Platycephalidae). Zootaxa, 3066: 52–60.
Imamura, H., P. Psomadakis and H. Thein. 2018. Two new species of deepwater flathead *Bembras* Cuvier, 1829 from the Andaman Sea, eastern Indian Ocean. Ichthyol. Res., doi.org/10.1007/s10228-018-0639-2
Linnaeus, C. 1753. Species plantarum. Vol. 1. Laurentii Salvii, Holmiae (= Stockholm).
Linnaeus, C. 1758. Systema naturae, 10th edition. Vol. 1. Laurentii Salvii, Holmiae (= Stockholm).
Weber, M. 1913. Die fische der Siboga-Expedition. E. J. Brill, Leiden.

第 4 章　標本が分類学を支えている

Cuvier, G. and A. Valenciennes. 1829. Histoire naturelle des poissons, vol. 4. F. G. Levault, Paris-Strasbourg.

今村央・篠原現人．2019．日本から初めて記録されたコチ科魚類ナメラオニゴチ（新称）*Onigocia grandisquama*．日本魚類学雑誌，DOI: 10.11369/jji.18-050.

Imamura, H., H. Ida and J. T. Moyer. 1995. Redescription of a flathead, *Thysanophrys otaitensis* (Scorpaeniformes: Platycephalidae). Japan. J. Ichthyol., 42: 277–283.

松浦啓一（編著）．2003．標本学　自然史標本の収集と管理．東海大学出版会，東京．

本村浩之（編著）．2009．鹿児島の生物多様性を記録するボランティア養成教材　魚類標本の作成と管理マニュアル．鹿児島大学総合博物館．

Regan, C. T. 1908. Report on the marine fishes collected by Mr. J. Stanley Gardiner in the Indian Ocean. Trans. Linn. Soc. London Ser. 2, Zool., 12 (part 3): 217–255, pls. 23–32.

第 5 章　研究の進めかた

Imamura, H. 2007. *Rogadius mcgroutheri*, a new species of flathead (Teleostei: Platycephalidae) collected from eastern Australia and New Caledonia. Ichthyol. Res., 54: 303–307.

Imamura, H. and G. Shinohara. 2004. A new species of *Cocotropus* (Actinopterygii: Teleostei: Aploactinidae) from South Africa, western Indian Ocean. Spec. Divers., 9: 193–200.

Smith, J. L. B. 1939. A living fish of Mesozoic type. Nature, 143: 455–456.

トピック

（第 1 章）

今村央・持田誠．2008．北海道大学総合博物館第 51 回企画展示／水産科学館総合博物館分館化記念・水産学部創基 100 周年記念．水産科学館に蓄積された水産学部 100 年の歴史．北海道大学総合博物館，札幌．

黒田一紀・山川卓．2018．水産の語源と水産学のはじまり（補遺）．日本水産学会誌，84: 1127–1130.

（第 3 章）

Imamura, H. and T. Yoshino. 2007. Three new species of the genus *Parapercis* from the western Pacific, with redescription of *Parapercis hexophtalma* (Perciformes: Pinguipedidae). Bull. Natl. Mus. Nat. Sci., Ser. A, Suppl., 1: 81–100.

（第 5 章）

Anderson, M. E. and H. Imamura. 2002. A new species of *Lycenchelys* (Perciformes: Zoarcidae) from the Pacific coast of northern Japan. Ichthyol. Res., 49: 355–357.

索引

[アルファベット]
ZooBank 50

[あ]
亜科 8
亜種 7
アミア区 37
亜目 8
アンモシーテス 30

[い]
一次同名 59
一般勧告 41
異物同名 58

[う]
鰾 30

[え]
エイ区 33
円鱗 38

[お]
オッタートロール 74
オッターボード 75

[か]
科 7
外群 18
科階級群 42
学名 8

夏眠 35
勧告 40

[き]
危急種 37
棄権宣言 51
記載 52
鰭条 10
キャプション 46
強権 53
共通祖先 20, 22
共有派生形質 16
棘 10
魚綱 27
近絶滅種 37

[け]
計数形質 10
計測形質 10
形態形質 9
系統分類 16
系統分類学 16
系統類縁関係 16
原記載 44
原始形質 16
現生種 15
原綴り 70

[こ]
校閲者 100
光学顕微鏡 11

硬骨魚綱　27
虹彩皮膜　63
合字　44
交接器　30
硬鱗　38
語幹　48
国際動物命名規約　39
語源　94
古参異名　53
古参シノニム　53
古参同名　58
個体変異　10

[さ]
鰓蓋　33
鰓隔膜　31
鰓弓　31
鰓孔　29
鰓耙　84
鰓弁　31
鰓裂　31
刺網　74
サメ区　33

[し]
四肢動物下綱　34
実体顕微鏡　11
櫛鱗　38
シノニム　53
地曳網　74
姉妹関係　18
斜字体　45
種　7
種階級群　42
種小名　17
種多様性　27

出世魚　60
種名　17
楯鱗　38
条　40
上科　8
条鰭亜綱　28
除外名　51
真核生物　24
真骨下綱　35, 38
真骨区　38
新参一次同名　59
新参異名　53
新参シノニム　53
新参同名　58
新参二次同名　59
新種　17
シンタイプ　55
真板鰓亜綱　30

[す]
スクリュー瓶　79

[せ]
成長変異　11
生物学的種概念　9
脊索　35
接尾辞　48
絶滅危惧種　37
前額把握器　31
全骨下綱　35
先取権　53
先取権の原理　52
全頭亜綱　30

[そ]
属　7

族　8
属階級群　42
側系統群　21
側線鱗　10
属名　17
底刺網　74

[た]
第一校訂者　54
第一校訂者の原理　54
タイプ化の原理　54
タイプ種　55
タイプシリーズ　55
タイプ属　47
タイプ標本　55
多鰭類　36
タグ　76
タクソン　9
多系統群　21
脱灰　81
タモ網　73
単系統群　20
担名タイプ　54

[ち]
置換名　59
著者　46
地理的変異　15

[て]
適格名　51

[と]
動物命名法国際審議会　39
同名　58
ドレッジ　74

[な]
軟骨魚綱　27
軟質下綱　35

[に]
肉鰭亜綱　28
二語名　42
二語名法　17
二語名法の原理　42
二次同名　59
二名法　42

[ぬ]
ヌタ　29
ヌタウナギ綱　27

[ね]
ネオタイプ　55
粘液孔　29

[の]
ノギス　83
ノンタイプ　91

[は]
ハイギョ下綱　34
派生形質　16
パラタイプ　55
パラレクトタイプ　55
板鰓下綱　30
板状鱗　38

[ひ]
非単系統群　22
描画装置　96
標準体長　11

標準和名　59
標徴　91
鰭立て　79

[ふ]
輻鰭下綱　34
不適格名　51
分類階級　8
分類学　7
分類群　8
分類形質　9
分類体系　15

[ほ]
ポスドク　102
ホモニム　58
ホロタイプ　55

[み]
未記載種　24

[む]
無顎類　29
無効名　52

[め]
名義種階級群タクソン　55
命名　8
命名者　46

[も]
目　7

[や]
ヤツメウナギ綱　27

[ゆ]
有効名　47
優先権　53
有頭動物亜門　28

[よ]
葉状鱗　38
抑制　53

[ら]
螺旋弁　30

[り]
鱗骨区　37
倫理規定　41

[れ]
冷凍焼け　76
レクトタイプ　55

[ろ]
ロット方式　76

[わ]
腕鰭下綱　35

■ 著者

今村 央（いまむら ひさし）
1965年福岡県生まれ。福岡県立城南高等学校，北海道大学水産学部，北海道大学大学院水産学研究科を経て，同大学より博士（水産学）を取得。科学技術振興事業団科学技術特別研究員として東北区水産研究所八戸支所でポスドクを経験後，1999年北海道大学総合博物館に赴任，2009年同大学大学院水産科学研究院に異動。現在は同研究院教授，総合博物館水産科学館長を兼任。専門は魚類系統分類学。日本魚類学会，日本動物分類学会，アメリカ魚類・爬虫類学会会員。著書に『山渓カラー名鑑 日本の海水魚』（共著，山と渓谷社），『日本動物大百科 6 魚類』（共著，平凡社），『魚の形を考える』（共著，東海大学出版会），『海の動物百科3 魚類II』（共訳，朝倉書店），『東北フィールド魚類図鑑 沿岸魚から深海魚まで』（共著，東海大学出版会），『魚類学』（共著，恒星社厚生閣）などがある。趣味は弦楽器（ヴィオラ，ヴァイオリン）演奏で，函館市内のアマチュアオーケストラに参加する。

ISBN978-4-303-80003-1

北水ブックス
魚類分類学のすすめ

2019 年 6 月 25 日　初版発行	ⓒ H. IMAMURA 2019
2021 年 6 月 10 日　2 版発行	

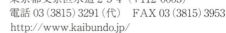

著　者　今村　央
発行者　岡田雄希
発行所　海文堂出版株式会社
　　　　本社　東京都文京区水道 2-5-4（〒112-0005）
　　　　　　　電話 03（3815）3291（代）　FAX 03（3815）3953
　　　　　　　http://www.kaibundo.jp/
　　　　支社　神戸市中央区元町通 3-5-10（〒650-0022）
日本書籍出版協会会員・工学書協会会員・自然科学書協会会員

PRINTED IN JAPAN　　　　　　印刷 ディグ／製本 誠製本

JCOPY ＜出版者著作権管理機構 委託出版物＞
本書の無断複製は著作権法上での例外を除き禁じられています。複製される場合は，そのつど事前に，出版者著作権管理機構（電話 03-5244-5088，FAX 03-5244-5089，e-mail: info@jcopy.or.jp）の許諾を得てください。